"十四五"职业教育国家规划教材

职业教育旅游大类系列教材·烹饪专业

中西面点制作技艺

浙江省教育厅职成教教研室◎组编

张建国◎主编　仇杏梅◎执行主编

北京师范大学出版集团
BEIJING NORMAL UNIVERSITY PUBLISHING GROUP
北京师范大学出版社

图书在版编目（CIP）数据

中西面点制作技艺／仇杏梅执行主编．— 北京：北京师范大学出版社，2017.9（2024.7重印）

ISBN 978-7-303-22516-3

Ⅰ．①中…　Ⅱ．①仇…　Ⅲ．①面食－制作－中等专业学校－教材　Ⅳ．①TS972.132

中国版本图书馆CIP数据核字（2017）第145059号

教材意见反馈： zhijiao@bnupg.com
营销中心电话： 010-58802755　58800035
编辑部电话： 010-58808077

出版发行：北京师范大学出版社 www.bnup.com
北京市西城区新街口外大街12-3号
邮政编码：100088
印　　刷：天津市宝文印务有限公司
经　　销：全国新华书店
开　　本：889mm × 1194mm　1/16
印　　张：17
字　　数：302千字
版　　次：2017年9月第1版
印　　次：2024年7月第10次印刷
定　　价：42.80元

策划编辑：易　新　　责任编辑：易　新
美术编辑：焦　丽　　装帧设计：华泰图文
责任校对：陈　民　　责任印制：马　洁　赵　龙

《中西面点制作技艺》编写组

主　　编：张建国

执行主编：仇杏梅

执行副主编：莫建斌

编写人员：曹　燕　叶茜茜　赵琳琪　周建平　陈建红

蒋露露　李希平　帅飞飞　施胜胜　魏燕丽

张　翔　王仁孝　林　军

内容简介

本书是中等职业教育中餐烹饪专业系列教材，依据课程标准，本教材共分十大项目，项目一为面点制作基础知识和基本技术，项目二到项目六是中式面点项目，项目七到项目十是西式面点项目。

本书综合了中式面点制作和西式面点制作核心专业技能，即面点制作必备的核心能力。全书有“面点制作基础知识和基本技术”“中点馅食”“中点发酵”“中点油酥”“象形点心”“中点风味”“西点蛋糕”“西点面包”“西点布丁、饼干”“西点酥皮”十个项目。每个项目由若干个任务组成，并根据情况在任务中设计了任务情境、任务目标、面点工作室、任务实施、拓展训练等栏目。先是理论阐述，后为实训操作，再评价练习。实训操作由易到难，配合不同的教学项目，体系完备。实训操作每个作品的制作过程都配有相应的操作实况图片，简单直观，学生可以轻松掌握。

前 言

《中西面点制作技艺》是中等职业学校中餐烹饪专业核心课程改革新教材。教材编写在关注基础知识的同时，突出一个“新”字，在传统的面点制作技艺的基础上，注重新的技艺和新的作品。教材突出“做中学”和“学中做”，有机整合中西面点制作专业理论与技术技能，通过专业体验和认知，提高学生的学习兴趣，让学生根据兴趣特长自主选择中西面点制作项目。教材注重学生的特点和行业要求，从中西面点制作的知识体系到每项的实训操作，都有着完整的体例，集知识性、逻辑性、可操作性于一体。实训操作内容，以项目教学为线，体系完备，主要让学生了解中西面点制作基础知识，掌握中西面点制作基本技术与工艺流程，通过中西面点制作技艺的学习，适应行业的需求。教材通过实训操作内容，力求提升学生的职业能力，使学生具有一定的面点制作技能和创新意识，胜任餐饮企业面点部门的一般性工作，为成为具有一定面点制作理论知识和操作技能的面点师打下扎实的基础。

民以食为天。作为服务行业的教材，本书在编写中贯彻习近平绿色发展理念，重视对生态环境的保护，重视人民的身体健康。教材“从学生需求出发”，围绕浙江省“选择性”构建起来的中职课程体系中的面点专业教学，以学生的发展为目标，尊重学生的主观意愿，尊重学生的兴趣特长，尊重学生的成长意愿，赋予学生更多的选择课程、选择专业、选择学习方式的权利。教材注重课程的灵活性，从学校实际出发，从教学实际出发，从学生实际出发，采用灵活多样的形式，利用灵活多样的资源，创新灵活多样的途径，充实和丰富课程教学形态。本教材面点实训品种造型美观、精致，符合现代健康需求，在面点内容上不断创新，对近些年行业、院校大赛作品进行了改良，使之更加符合现代餐饮操作需求。项目根据行业专家对面点岗位任务和职业能力的分析，以本专业共同具备的面点岗位职业能力为依据，以中西面点制作基本技艺为主线而确定，内容包括中西面点制作基本技能、地方传统名点、创新面点等。

本教材建议课时为344课时（项目六、九为选修），具体课时分配如下表所示（供参考）。

项目	教学内容	建议课时
一	面点制作基础知识和基本技术	16
二	中点馅食	40
三	中点发酵	48
四	中点油酥	52
五	象形点心	36
六	中点风味	24
七	西点蛋糕	36
八	西点面包	36
九	西点布丁、饼干	24
十	西点酥皮	32

本教材在编写过程中，参阅了大量专家、学者的相关文献，得到了宁波市鄞州区古林职业高级中学、温岭市职业技术学校、浙江信息工程学校、绍兴市职业教育中心、桐乡技师学院、余姚市职成教中心学校、杭州市西湖职业高级中学、温州华侨职业中等专业学校的帮助和支持，在此一并表示感谢。

由于编者水平有限，书中难免存在不足之处，敬请广大专家和读者批评指正，以便我们再版时完善。

本书配套融媒体资源，可扫描二维码观看操作视频。

编　者

目 录

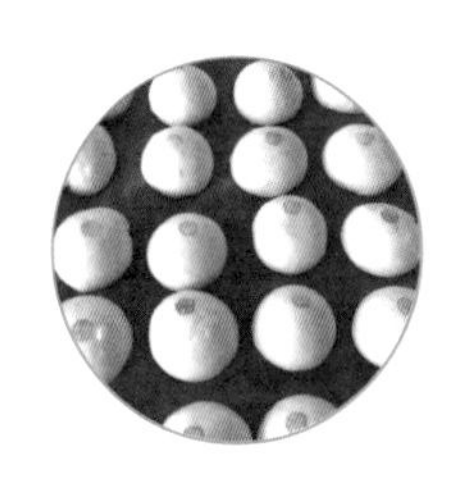

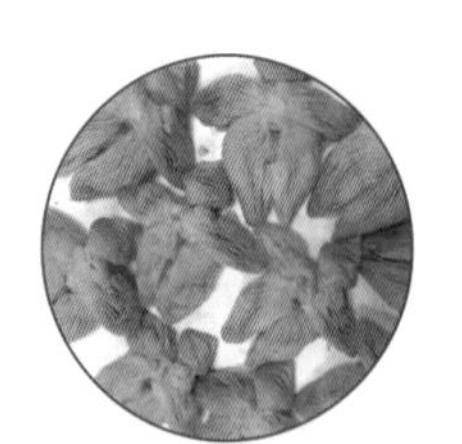

项目四　中点油酥 / 67

项目五　象形点心 / 113

项目六　中点风味 / 145

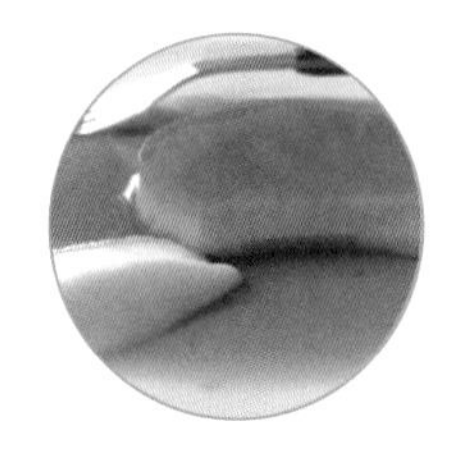

项目一　面点制作基础知识和基本技术

项目描述

面点是“面食”和“点心”的总称，主要是以面粉、米粉和杂粮粉为主料，配以油脂、糖、鸡蛋等，再辅以蔬菜、肉品、果品制作的馅料加工而成的各类食品。面点因制作所用主料多为白色，故行业内有“白案”之称，是我国烹饪的重要组成部分。

面点在分类上可以分为“中式面点”和“西式面点”。中式面点指源于我国的面点，简称“中点”；西式面点主要指来源于欧美国家的面点，是以油脂、糖、鸡蛋、乳品为主要配料制作而成的面点，简称“西点”，成品主要是烘烤成熟的。

项目分析

面粉是面点制品中最常用的原料。面粉的品种很多，只有选择合适的面粉才能做出理想的面点产品。

小赵是一位刚进入职业学校学习中餐烹饪专业的学生。在初次接触面点制作课程时，他对面粉的了解不够透彻，面粉是怎么来的？做面包、蛋糕、饼干用到的面粉是否一样？面粉颜色是不是越白越好？在高温又潮湿的夏季里该怎样储存面粉？由此看来，小赵需要学习的面点制作知识还很多……

项目目标

①了解面点的概念。

②了解面粉的有关知识。

③了解面点在烹饪中的地位与作用。

④了解中式面点制作基本技术的学习内容及训练目的。

⑤掌握中式面点制作基本技术（和面—搓条—下剂—制皮）的操作要领及步骤。

⑥培养标准化的职业意识，养成良好的职业习惯。

项目实施

任务一　面点制作基础知识

任务情境

面粉是小麦经碾磨加工而成的，面点制作中选用的面粉按照面筋质含量的高低，分为低筋粉、中筋粉、高筋粉三类。不同性质的面粉适合制作不同品种的面点。例如，制作面包一般选用高筋粉。

任务目标

①了解面粉的分类。
②了解面点的分类。
③了解面点的起源和发展。
④熟练使用面点制作常用工具和设备。

面点工作室

一、面粉的分类

通常我们说的面粉指的是小麦经碾磨加工而成的粉，也称为小麦粉。小麦由麦麸、胚芽、胚乳组成。麦麸就是小麦外层坚硬的部分，研磨面粉时一般都会去掉，而全麦面粉则会保留一定比例的麦麸，全麦面粉中那些小小的褐色薄片，就是麦麸。胚芽是小麦生长的那部分嫩芽，含有大部分的油脂，研磨面粉时也会去掉。面粉主要是由小麦胚乳加工而成的，含有丰富的淀粉和蛋白质。

（一）按蛋白质含量高低分类

1. 低筋粉

小麦从外往里分为三层，外层靠近麦麸磨出的就是低筋粉，颜色较白，用手抓易成团。低筋粉蛋白质含量为7%~9%，面筋质（湿重）含量低于25%，因此筋性较弱，适合制作蛋糕、曲奇、混酥点心等。西点制作多采用此类面粉。

2. 中筋粉

中筋粉就是由小麦中间层研磨而成，颜色乳白，介于低筋粉和高筋粉之间的一类面粉。中筋粉蛋白质含量为9%~11%，面筋质（湿重）含量为25%~35%，适合制作馒头、包子等。中点制作多采用此类面粉。

3. 高筋粉

小麦芯磨出的就是高筋粉，它的筋性最强，颜色较深，手抓不易成团。高筋粉蛋白质含量为12%~15%，面筋质（湿重）含量高于35%，适合制作面包等，在西点制作中使用广泛。

（二）按加工精度和用途分类

1. 等级粉

等级粉以加工精度，即面粉的色泽和含麸量高低来确定，通常分为特制粉、标准粉、普通粉三个等级。特级粉加工精度最高，标准粉次之，普通粉加工精度最低。

2. 专用粉

专用粉是利用特殊品种的小麦磨制而成，或在等级粉基础上加入糖、泡打粉等其他成分混合均匀制成的面粉，专门用于某一类面点的制作，如水饺粉、面条粉等。

二、面点的分类

（一）中式面点的分类

中式面点制作技法多样、品种繁多，加上地区差异较大，分类的方法较多，归纳起来大致有以下几种。

1. 按原料类别分类

麦类面粉制品，如包子、馒头、水饺、油条、面包等。

米类及米粉制品，如年糕、松糕等。

豆类及豆粉制品，如绿豆糕、芸豆卷等。

杂粮与淀粉类制品，如小窝头、玉米煎饼等。

其他原料制品，如南瓜饼、薯茸饼等。

2. 按面团性质分类

可以分为：水调面团、膨松面团（常称发酵面团）、油酥面团、米粉面团和其他面团。这种分类方法对学习和研究面点坯皮形成原理有很大帮助，在教学上常采用此分类方法。

3. 按成熟方法分类

一般分为：煮、蒸、炸、煎、炒等。

4. 按形态分类

一般分为：糕、饼、团、酥、包、饺、面、馒头、烧卖、馄饨等。

5. 按口味分类

一般可分为：甜味、咸味、复合味。

6. 按流派分类

人们常把中式面点分为“南味”和“北味”两大风味，具体又分为“广式面点”“苏式面点”“京式面点”三大流派。广式面点指珠江流域及南部沿海地区制作的面点，以广东为代表，富有南国风味。近百年来，广式面点吸取部分西式面点制作技术，以讲究形态，使用油脂、糖、鸡蛋较多，馅心多样，制作工艺精细著称，富有代表性的品种有娥姐粉果、叉烧包、虾饺等。苏式面点指长江中下游地区江、浙、沪一带制作的面点，以江苏为代表，制品具有重调味、重形态、口味咸中带甜的特征，常见品种有汤包、三丁大包、苏州船点等。京式面点泛指黄河以北的大部分地区，以北京为代表制作的面点，以各种面食品以及各种丰富多彩的京式小点心见长，常见品种有四大面食（抻面、刀削面、小刀面、拨鱼面）、狗不理包子、豌豆黄、艾窝窝等。

中国幅员辽阔，感受各地面点的特点和特色品种，以新发展理念，新发展格局，推动面点技能高质量发展，对于做好餐饮工作有很大的帮助。

（二）西式面点的分类

西式面点的分类，还未有统一标准，在行业中常常有以下几种。

按照制品加工工艺和坯料性质，西式面点可分为蛋糕、面包、酥皮点心、布丁、饼干等。在教学中常采用这种分类方法。

按照温度，西式面点一般分为常温点心、冷点心、热点心。

按照用途，西式面点一般分为酒会点心、自助餐点心、茶点心、宴会点心等。

三、面点的起源和发展

（一）中式面点的发展概况

中华民族是一个历史悠久、富有创造力的民族。古往今来，我国人民在不断创造、丰富物质文明的同时，也创造了高度的精神文明。生产工具的出现促使了面点的产生。在远古时代，我们的祖先学会了用火，逐步将生食变成熟食，“石上燔谷”便是先民最初的烹法。神农氏尝草辨谷，教民耕艺，人们学会了栽培粮食作物，扩大了食物来源。在仰韶文化的西安半坡遗址以及余姚河姆渡遗址等地，都发现过粟、稻等作物。

中国小麦制粉及面点制作技术的出现均应在战国时期。到了汉代至南北朝时期，我国面点制作水平有了飞跃式的发展：红、白案出现了分工；食品原料进一步增多，面点制作不仅仅使用面粉、米粉，还用到高粱粉和其他杂粮粉；成熟工具也进一步完善，如《饼赋》中“三笼之后，转有更次”，可以蒸出暄和的面点制品，此外，“胡饼炉”“铛”等有所改进；年节食俗开始形成，如立春吃“春盘”、端午节食粽子等；面点品种不断丰富，有汤饼、蒸饼、胡饼、索饼（最初的面条），仅《齐民要术》中就记载了近20个饼的品种，并有详细制作方法；面点著作大量涌现，有吴均的《饼说》、束皙的《饼赋》等。

宋元时期是面点制作的兴旺、繁荣时期。国内外面点制作交流日益频繁，记录面点的著作较多，对饮食与健康的探究逐步开展，面点制作技术进一步提高。明清时期是我国面点制作发展的成熟时期，这一时期，面点制作技术飞速发展，面点类别已经形成，国内外面点制作交流发展达到新的高峰，西式面点传入我国，中式面点亦大量外传至欧美、南洋各国。面点食俗与民族节日风俗结合基本定型。例如，我国北方地区正月初一吃水饺，浙江吃汤圆，广东吃煎堆；正月十五吃元宵；清明吃青团；中秋吃月饼；重阳食糕等。面点著作十分丰富。例如，《调鼎集》第六卷和第九卷记载的面点品种就有300种以上，卷六中还专列“西人面食”。《随园食单》记载有面点品种近50种，是当时最精全、影响最大的名食名点专著。

中华人民共和国成立以来，尤其是改革开放以来，为了在经济全球化条件下竞争图强，中式面点制作在众多面点师的努力下不断创新，在原料选用、配方、营养、卫生、安全、生产工艺等方面不断取得突破，注意选用新型原料，适应市场需求，不断调整配方，研发低盐、低脂、低糖、高蛋白的健康面点品种，引进国外先进工艺，提高生产效率，同时大力发展烹饪教育，适应市场经济对技术人才的需求。

（二）西式面点的发展概况

据史料记载，西式面点起源于古埃及，有一幅绘画展示了公元前1175年，古埃及底比斯城的宫廷烘焙场面。据统计，当时的面包和蛋糕品种达十余种之多。

古希腊是世界上最先在食物中使用甜味剂的国家。古罗马人制作了最早的奶酪蛋糕。迄今，最好的奶酪蛋糕仍然来自意大利。据记载，公元前4世纪，罗马就有了专业的烘焙协会。欧洲文艺复兴时期，初具现代风格的西式面点开始出现，烘焙业已经成为相当独立的行业。到了17世纪，起酥点心开始在欧洲流行。大约在1683年，欧洲人开始将起酥点心和面包结合在一起，形成了至今仍然风靡的丹麦包和可颂包。当时的法国人已经创造了用搅打法来制作海绵蛋糕的方法。18世纪到19世纪，维多利亚时代是西式面点发展的鼎盛时期，这时候西式面点生产步入现代化的工业生产，逐步形成了一个完整的体系。

西式面点传入我国，有近200年的历史。19世纪初，各大城市有了制作、售卖西式面点的商店。到了现在，制作、售卖西式面点的店铺遍布全国乡镇、城市。地方职业教育、成人教育开展了西式面点教学，许多地方掀起学习西式面点制作的热潮。

四、面点制作常用工具和设备

（一）中式面点常用工具

1. 擀面杖

擀面杖是制作坯皮时不可缺少的工具。各种擀面杖粗细、长短不同，一般来

图1-1-1/各种擀面杖

说，擀制面条、馄饨皮所用的擀面杖较长，用于油酥制皮或擀制烧饼的较短，可根据需要选用。通心槌又称走槌，形似滚筒，中空，供手插入轴心，使用时来回滚动。由于通心槌自身重量较大，擀皮时可以节省体力，是擀大块面团的首选工具，可用于大块油酥面团的起酥、卷形面点的制皮等。单手棍又称小面杖，一般长25~40厘米，有两头粗细一致的，也有中间稍粗的，是擀饺皮的专用工具，也常用于点心，如酥皮面点的成形。双手杖又称手面棍，一般长25~30厘米，两头稍细，中间稍粗，使用时两根并用，双手同时配合进行，常用于烧卖皮、饺皮的擀制。此外，还有橄榄杖、花棍等制皮工具。各式擀面杖如图1-1-1所示。

2. 其他工具

见项目一任务三。

图1-1-2/西式面点常用工具

（二）西式面点常用工具

制作西式面点常用到裱花嘴和裱花袋、蛋糕转盘、刮刀、抹面刀等。

上述常用工具如图1-1-2所示。

（三）中式面点常用设备

制作中式面点常用到蒸灶、和面机、压面机、面案桌、绞肉机等。

（四）西式面点常用设备

制作西式面点常用到烘烤炉、烤箱、搅拌机（图1-1-3）、酥皮机（图1-1-4）等。

图1-1-3/搅拌机

图1-1-4/酥皮机

想一想

流派的形成，与我国地方气候、地理环境、人文特点有关系，面点制品在选料、口味、制作工艺上也有区别。我国面点的主要风味流派有哪些？了解这些流派对提高自己的技术技能水平有什么帮助？

相关链接

食用面条最早的国家

2005年10月13日，英国《自然》杂志第437卷发表了中国学者们关于喇家遗址4000年前面条的发现和研究报告——《中国新石器时代晚期的小米面条》，从而引起有关学术界的强烈关注，多家媒体纷纷予以报道和评论。

喇家遗址在中国青海民和地区，2002年于207号房址的地面清理出一些保存完好的陶碗，对陶碗中“条状物”检测分析确认为小米面和黍米面制成的面条。

综上，历经4000年的面条，在中华民族饮食传承创新下，推陈出新，涌现了2000多种面条，从而不断提高人民生活品质。

佳作欣赏

图1-1-5/杏仁冻豆腐
图1-1-6/生日蛋糕

图1-1-7/芋艿包
图1-1-8/玛格丽特饼干

图1-1-9/兔子酥
图1-1-10/曲奇饼干

学习与巩固

1. 面点是________和________的总称，行业中称__________。面点在分类上可以分为______和______。

2. 面点按照面团的性质分类有__________、__________、__________和__________等面团。

3. 被誉为我国面食绝技的“四大面食”是指______、______、______、______。

4. 我国面点的主要风味流派是_________、_________和_________。

学习感想

____

____

____

任务二　面点制作基本技术（和面、搓条技术）

任务情境

面点制作基本技术是指在面点制作过程中所采用的最基础的制作技术及方法，包括和面、揉面、搓条、分坯、成形和成熟等主要环节。面点制作人员基本技术的好坏，直接影响着面点制品的质量。要想成为合格的面点制作师，平时一定要勤学苦练。

任务目标

①了解中式面点制作基本技术的学习内容及训练目的。

②掌握中式面点制作基本技术（和面、搓条）的操作方法及步骤。

③培养职业意识，养成良好的职业习惯和操作规范。

④培养创新意识，能根据面粉不同特性、面点不同品种调制合适的面团。

面点工作室

一、对面点制作人员的基本要求

面点的制作有严格的技术要求。有些品种的制作工艺比较复杂，所用时间较长，有些品种还需要提前做好准备，大量制作时要有一定的劳动强度。为适应这些特点，制作人员必须符合以下要求。

一是加强体育锻炼，增强体质，以适应高强度劳动的要求。

二是掌握正确的操作姿势和熟练的操作技法，规范操作。

三是熟悉常用面点原料的特性、各类面团的性质及调制技巧、各种工具的性能及正确的使用方法。

四是在操作过程中要精力集中，手脑并用，动作敏捷、干净、利落；保证制品的质量要求，做到精益求精；保证食品卫生，注意操作安全。

二、面点制作基本技术的重要性

掌握面点制作基本技术是学习各类面点制作技术的前提。各类面点制作技术在基础操作的表现形式上是基本相同的。例如，面粉类品种的制作几乎都需要和面、揉面、搓条、分坯等操作技术；包馅类品种在制作时都要用到制皮、上馅、包捏成形等技术。因此，掌握面点制作基本技术是学好各类面点制作技术的前提。

掌握面点制作基本技术是保证成品质量的关键。基本技术正确与否及熟练程度如何可直接影响面点制作的效率和质量。例如，面团软硬度调制是否合适、制皮的薄厚是否符合制品的要求，都将直接影响下一道操作工序能否顺利进行。目前面点制作仍以手工制作为主，要使制品达到标准、符合规格，关键在于基本技术要过硬。

行家点拨

和面的作用

一是改变原料的物理性质。

面粉与不同温度的水、鸡蛋、油脂等原料相调和，使调制的面团具有一定的弹性、韧性、延伸性、可塑性。这样既便于操作成形，又可使制品成熟后，不散不塌，形成丰富的口感。

二是调和原料使之均匀。

制作各种面点制品，除用主要原料外，有时还要掺进其他辅助原料和调味原料以改变面团的性质和制品的口味。因此，只有通过和面，才能使掺入的各种原料吸收水分，溶化并与面粉调和均匀，进而提高面团与制品的质量。

任务实施

和面、搓条的训练

1. 训练原料

面粉250克，水125毫升。

2. 训练内容

按照配方调制水调面团，练习和面、搓条。

3. 制作方法

①使用原料和工具如图1–2–1和图1–2–2所示。

图1–2–1/原料
图1–2–2/工具

②和面方法一：抄拌法。将面粉放入缸（盆）中，中间挖一凹坑，加入第一次水，双手伸入缸（盆）中，从外向内、由下向上反复抄拌。抄拌时，用力均匀适当，手不沾水，以粉推水，促使水、粉结合，成雪花面。第二次加水，继续用双手抄拌，使面呈结块状态，然后把剩下的水洒在上面，揉搓成为面团。

和面方法二：调和法（图1–2–3）。将面粉倒在案板上围成中间薄、周围厚的圆形。将水倒入中间，双手五指张开，从外向内，慢慢调和，待面粉和水调和成雪花面后，再掺适量的水，和在一起，揉成面团。调合法主要适合少量的水调面团和油酥面团。调制冷水、温水面团直接用手调和，调制热水面团则需一手拿面刮板等工具调和。在操作过程中，手要灵活，动作要快，不能让水溢到外面。用上述方法调制而成的面团要达到“三光”，即手光、面光、案板光。

和面方法三：搅拌法（图1–2–4）。先将面粉倒入盆中，然后一只手浇水，另一只手拿擀面杖等搅拌，边浇边搅，使面粉吃水均匀，搅匀成团。搅拌法一般用于热水面团和蛋糊面团，也可用于冷水面团等。用搅拌法要注意两点：和热水面团时沸水要浇匀、浇遍，搅拌要快，使水、粉尽快混合均匀；和蛋糊面团时，必须顺着一个方向搅匀。

图1–2–3/调和法
图1–2–4/搅拌法

③揉面。揉面分为双手揉（图1–2–5）、单手揉（图1–2–6）两种。双手揉是用双手的掌根压住面团，用力向外推动，把面团摊开，然后从外向内卷起形成面团，接口朝上，再双手向外用力推动摊开，揉到一定程度，改为双手交叉向两侧

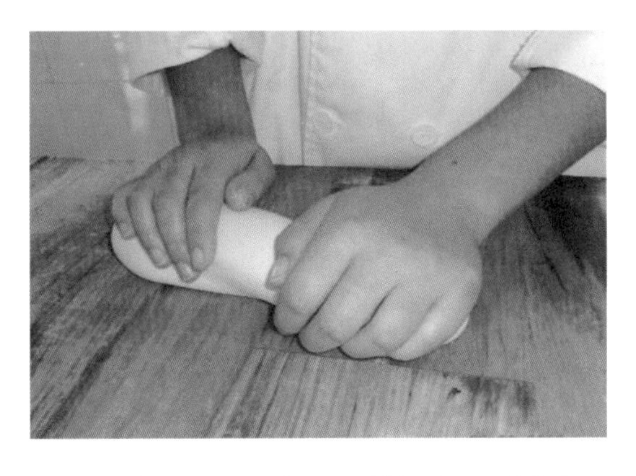

图1-2-5/双手揉
图1-2-6/单手揉

推摊，摊开、卷起、再摊开、再卷起，直到揉匀揉透，面团表面光滑为止。

单手揉是一只手拿住面团一头，另一只手掌根将面团压住，向另一头摊开，再卷拢回来，翻上接口，继续再摊、再卷，反复多次，直到面团揉透为止。

揉大面时，为了揉得更加有力、有劲，也可握住拳头交叉揣，使面团摊开面积更大，便于揉匀揉透。揉面时身体不能紧贴案板，两脚要稍分开，站成丁字步式。身子站正，不可向左右歪斜，上身可向前稍弯。这样，用力揉时，不致推动案板，并可保持身体平衡。

④搓条（图1-2-7）。取一块揉好的面团，搓捏成条状，双手掌根压在条上，同时适当用力，来回推搓滚动，同时双手向两侧抻动，使其向两侧慢慢延伸，成为粗细均匀的剂条（图1-2-8）。

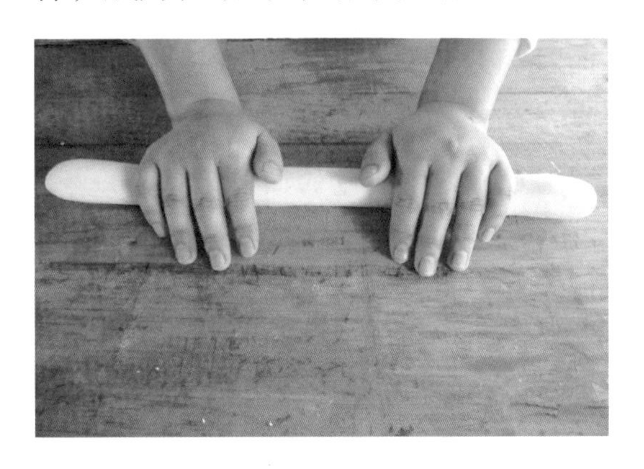

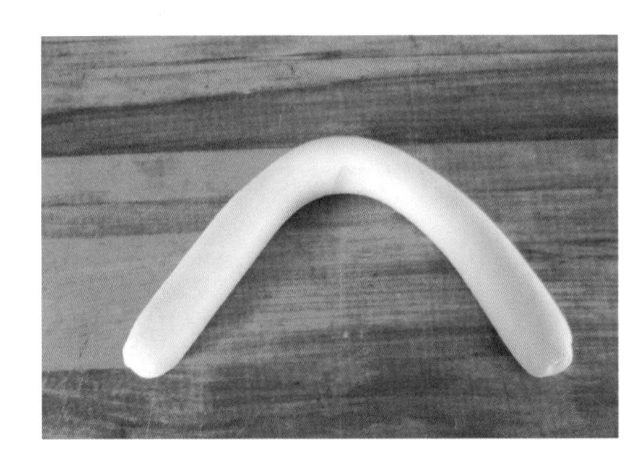

图1-2-7/搓条
图1-2-8/成形的剂条

4. 操作要求

①根据成品需要，掌握掺水量。

②和面时以粉推水，促使水、粉迅速结合。

③搓条时两手着力均匀，防止一边大一边小，剂条粗细均匀、圆滑光润。

想一想

1. 调制面团过程中需要注意什么?
2. 如何快速搓条?

行家点拨

揉面要点

“有劲”，是揉面时手腕必须着力，使面团中的蛋白质接触水分，与水结合，形成致密的面筋质。

“揉活”，是指着力适当。水、粉尚未完全结合时，用力要轻；随着水分被面粉均匀吃进，面团胀润，水、粉联结时，用力就要加重。

揉面时要顺一个方向揉，推卷也要有一定的次序，否则面团内形成的面筋网络易被破坏。

要根据成品需要掌握揉面时间。一般来说，冷水面团适宜多揉；发酵面团用力适中，揉制时间不宜过长；热水面团、油酥面团等则不能揉，否则面团上劲，影响成品特色。

相关链接

手工和面和机器和面

在20世纪60年代前，和面大多依靠手工操作，而目前使用和面机已很普遍，手工和面只是在少量或特殊情况下才采用。和面的方法分为两大类：手工和面与机器和面。

手工和面的技法大体可分为抄拌法、调和法、搅拌法三种。

机器和面通常使用的机械是和面机。和面机的基本用途是将面点原料通过机械搅动，调制成面点制作所需要的各种不同性质的面团。不管是手工和面还是机器和面，都是为了满足人民对美好生活的向往，为了更高质量的面点产品。

学习与巩固

1. 面点制作基本技术是指在面点制作过程中所采用的最基础的制作技术及方法，包括______、______、______、______、成形和成熟等主要环节。

2. 面粉揉成面团，需要达到“三光”，具体是指_________、_________、_________。

3. 取一块揉好的面团，搓捏成条状，双手掌根压在条上，同时适当用力，来回推搓滚动，同时双手向两侧抻动，使其向两侧慢慢延伸，成为粗细均匀的_________。

学习感想

____

____

____

任务三　面点制作基本技术（下剂、制皮技术）

任务情境

掌握面点制作基本技术是保证成品质量的关键。剂子大小是否合适、坯皮的厚薄是否符合制品的要求等，直接影响面点制作的效率和质量，也将影响下一道操作工序能否顺利进行。

任务目标

①了解中式面点制作常用辅助工具。

②掌握中式面点制作基本技术（下剂、制皮）的操作方法及步骤。

③培养岗位能力，熟练掌握面点岗位配合工作的单项技能。

面点工作室

一、下剂的方法

下剂一般可以分为揪剂、挖剂、切剂。

揪剂又称为摘剂，用于软硬适中的面团，多用于50克以下剂子的分剂操作，如水饺、蒸饺等。

挖剂用于剂条较粗、剂子规格较大的品种的分剂操作，如馒头、烧饼等。

切剂主要适用于层酥与澄粉面团的分剂操作，如刀切馒头、油条等。

其他方法还有拉挤、剁剂等。

二、面点制作常用辅助工具

面点制作常用辅助工具包括面刮板、馅挑和其他工具。

面刮板根据质地不同分为不锈铁面刮板和塑料面刮板。不锈铁面刮板质地坚硬、锋利，对案板有较强的清理效果；塑料面刮板干净、轻便，本身容易清洁。

图1-3-1/常用辅助工具

馅挑有竹馅挑、塑料馅挑等。馅挑主要用于上馅、协助成形等。

在后述的具体实训过程中，还需要其他的辅助工具以及设备。工具主要有抹刀、锯齿刀、粉筛、打蛋器、毛刷、剪刀、模具等。个别工具如图1-3-1所示。

行家点拨

下剂要点

下剂是面点制作基本功之一，揪剂时剂子的高度用大拇指的宽度控制，下好的剂子依次排列整齐，一般8只或者10只为一排。

要迅速掌握擀皮技巧，提升擀皮速度，需要反复计时操练，如5分钟擀皮速度练习，可以在课堂上多训练几次。

任务实施

下剂、制皮的训练

1. 训练原料

面粉250克，水125毫升。

2. 训练内容

按照配方调制水调面团，练习下剂、制皮。

3. 制作方法

①使用原料和工具如图1-2-1和图1-2-2所示。

②调制水调面团同任务一，搓成光滑的条状，下剂。以下介绍揪剂和挖剂两种方法。

揪剂法（图1-3-2）。一只手握住剂条，使剂条从虎口处露出相当于剂子大小的截面，另一只手的大拇指与食指、中指靠近虎口捏住露出的截面，顺势往下揪，每揪下一只剂子，要趁势将剂条露出一只剂子的截面，并转动90°，以保持剂条圆整。技术关键：操作速度要快，如下剂的速度过慢，易致剂子截面不平整、大小不一；两手配合要协调，一手向上用力，一手向下用力，两手反向用力将剂挫断。

挖剂法（图1-3-3）。将搓好的剂条拉直放在案板上，一只手按住，另一只手

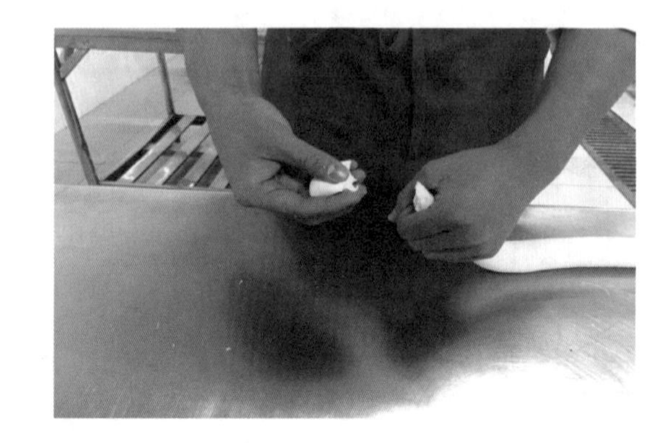

图1-3-2 / 揪剂法
图1-3-3 / 挖剂法

四指弯曲，从剂条下面伸入，顺势向上一挖即可。随后按剂条的手趁势往后移动，让出一只剂子的截面，进而再挖。挖剂法适合较软的发酵面团。

③制皮主要是将剂子制成符合制品要求的面皮的操作过程，常用的方法有按皮、拍皮、捏皮、摊皮、压皮和擀皮等。

一般较为常用的有按皮（图1–3–4）、擀皮（图1–3–5）两种方法。按皮主要是将分好的剂子截面向上，用掌边、掌根将剂子按成中间厚、周围薄的圆形面皮的制皮方法。

图1–3–4/按皮法
图1–3–5/擀皮法

擀皮主要是使用擀面杖等工具将剂子擀制成符合制品要求的面皮的制皮方法。

4. 操作要求

①下剂速度快，着力均匀，剂子截面清晰干净。

②擀皮时用力均匀，两手配合，面皮以金钱底（中间厚、周围薄），无毛边为佳。

③操作姿势要正确、规范。

想一想

1. 下剂过程中需要注意什么?

2. 如何快速擀皮?

拓展训练

将250克面粉调和成团，搓条，下剂15只，擀皮15只。要求剂子大小一致，截面清晰平整，面皮直径约7厘米，金钱底，皮圆，无毛边。完成时间约15分钟。

图1–3–6/15只剂子、15只面皮

学习与巩固

1. 下剂一般可以分为______、______、______。

2. 面点制作常用辅助工具有______、______、______。

3. 面点常用的制皮方法有_______、_______、_______、_______、_______、______。

学习感想

____

____

____

项目二　中点馅食

项目描述

水调面团，是直接用水和面粉调制而成的面团。水调面团制品是中式面点中最基础的品种，所用的成形技术是中式面点制作必须掌握的基本技术。根据调制面团时所用水的温度，水调面团又可以分为三种：冷水面团、温水面团、热水面团。

小李是一名烹饪班学生，初学中式面点制作基本技术，刚刚学会面团调制技艺，迫切希望进一步学习面点制作技艺。面点制作老师根据他的特点，推出系列水调面团品种。

项目分析

水调面团根据调面水温不同，分为三种。究竟哪些品种适宜采用冷水面团，哪些品种适宜采用温水面团，哪些品种适宜采用热水面团呢？带着疑问，小李进入了本项目的学习。

项目目标

①了解三种水调面团的定义及特点。
②熟悉三种水调面团的调制方法。
③熟练掌握水饺、月牙饺、四喜饺的制作方法。
④掌握4~6种花色蒸饺的成形技艺。
⑤培养一定的创新意识。
⑥培养绿色、健康的现代饮食观念。

项目实施

任务一　各式水饺的制作

任务情境

水饺是北方的主要食品之一。水饺演变到今天，有了许多造型。木鱼饺因其制作方法简单，形似木鱼，深受广大人民喜爱，它也是中式面点制作的基本品种之一。

任务目标

①了解鲜肉馅的制作方法。

②掌握木鱼饺的制作方法和成形技法。

面点工作室

一、冷水面团的定义和特点

冷水面团就是用30℃以下的冷水调制的水调面团，俗称“呆面”。由于用冷水或温度较低的水来和面，面粉中的蛋白质不能发生热变性，从而形成较多和较强的面筋质，加上淀粉在低温下不会发生膨胀糊化，因此所形成的面团具有结实、韧性强、拉力大、呆板的特点，故又称“死面”。

冷水面团的特点是成品色泽较白，吃起来爽口有筋性，不易破碎，一般适合于水煮和烙的品种，如水饺、各种面条、馄饨、春卷、烙饼等。

二、冷水面团的调制方法及配方

冷水面团的调制是将面粉倒入盆中或倒在案板上，掺入冷水或温度较低的水，边加水边搅拌。加水基本上分三次，第一次加70%左右的水，将面粉揉搓成雪花面；第二次加20%左右的水，将面揉成团；第三次根据面团软硬度加水，一般为10%左右。根据制品确定加水量，同时也要根据气候以及面粉的质量等情况调整加水量。面团调制好后，放在案板上，盖上干净湿布（或者装入保鲜袋），静置一段时间，即“饧面”。饧面时间一般为15分钟左右。

常见冷水面团制品的配方如下（以500克中筋粉为例）：

水饺，加水200~220毫升、盐3克；

春卷，加水350~400毫升；

馄饨，加水150~175毫升；

刀削面，加水150~175毫升；

拉面，加水250~300毫升、盐3~5克、碱5克；

小刀面，加水120~130毫升、鸡蛋2个、盐3克；

拨鱼面，加水300毫升左右、盐2~3克。

三、水饺常见馅心的调制

随着社会的发展，人们追求口味的多元化，在馅心上有菜肉、菌菇等几十种，以鲜肉馅最为常用，适合不同年龄、不同地域、不同层次人群的需求。

鲜肉馅。将夹心肉馅放在盆中，加入生抽、老抽拌匀，然后放入料酒、盐调制，加入水或者皮冻搅拌上劲，撒上葱花、姜末拌匀，最后加入麻油拌匀即可。

白菜肉馅。夹心肉馅调制同上，不加水，加入切碎、挤干水分的白菜末，香菇、胡萝卜切末放入，一起调制，撒入葱花、姜末拌匀，最后加入麻油拌匀即可。

芹菜肉馅。夹心肉馅调制同上，不加水，加切碎的芹菜末，撒入葱花、姜末拌匀，最后加入麻油拌匀即可。

韭菜肉馅。夹心肉馅调制同上，不加水，加切碎、挤干水分的韭菜末，撒入葱花、姜末拌匀，最后加入麻油拌匀即可。

行家点拨

木鱼饺制作要点

擀制面皮要求圆整，直径大约9厘米，馅心添在中间。

将面皮对折翻卷，放在两手之间，拇指、食指向内进行挤捏即可。

任务实施

木鱼饺的制作

1. 训练原料

中筋面粉250克，冷水125毫升，鲜肉馅250克，葱花少许。

2. 训练内容

按照中式面点制作基本技术的要求操作，采用挤捏成形技法包制木鱼饺。

3. 制作方法

①部分原料如图2-1-1所示。工具主要包括馅挑、面刮板、擀面杖（图2-1-2）。

图2-1-1/木鱼饺原料
图2-1-2/木鱼饺工具

②和面。如图2-1-3所示，将250克面粉倒在案板上，中间挖一凹坑，加入125毫升冷水，抄拌成雪花面，然后揉搓成光滑的面团（图2-1-4）。

图2-1-3/抄拌法和面
图2-1-4/揉搓成团

③下剂10只，每只剂子约重10克（图2-1-5）。将剂子按扁，擀成中间厚、周围薄，直径约8厘米的面皮（图2-1-6）。

图2-1-5/下剂
图2-1-6/擀皮

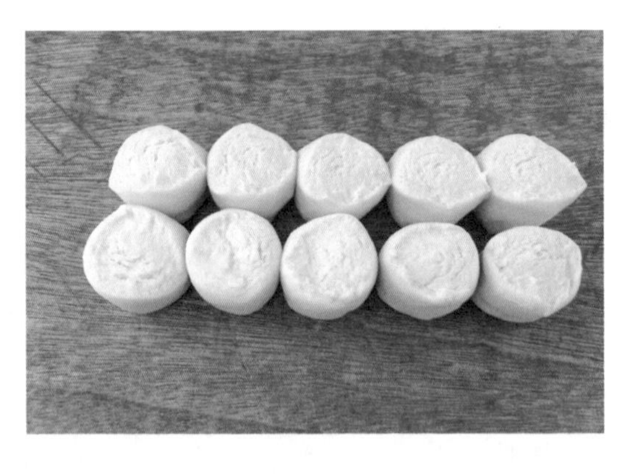

④ 上馅，成形。用馅挑上10~15克的鲜肉馅（图2-1-7），挤捏成木鱼饺形状（图2-1-8）。

图2-1-7/上馅
图2-1-8/挤捏成形

⑤ 煮制。水烧开，下木鱼饺，水沸后加冷水，一般加三次（图2-1-9）。饺子成熟后捞起，装入汤碗，撒上葱花（图2-1-10）。

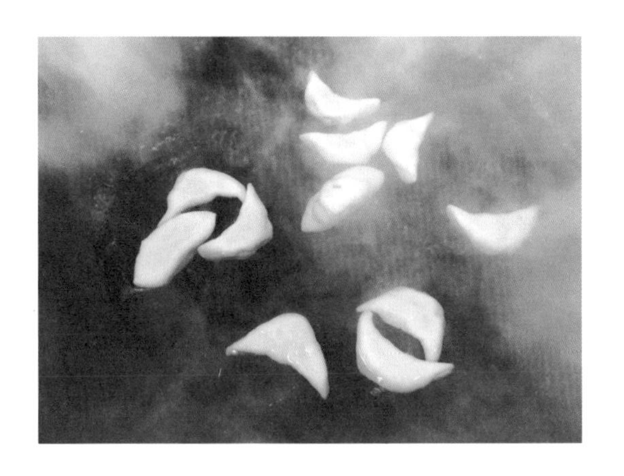

图2-1-9/煮制
图2-1-10/木鱼饺成品

4. 操作要求

①面团软硬合适，面要揉透、揉光滑。

②剂条要搓得粗细均匀，下剂要圆整均匀。

③面皮要擀得圆，边要对齐，采用挤捏成形技法。

④煮制时开水下锅，用勺子慢慢推动，防止黏连，注意火候的把握，防止夹生或煮过火。

5. 质量要求

皮薄、馅大、边小，形似木鱼。

想一想

在制作木鱼饺时，采用什么样的成形技法，为什么？

拓展训练

元宝饺的制作

擀皮、上馅同木鱼饺。将面皮对折成元宝形（图2-1-11）。

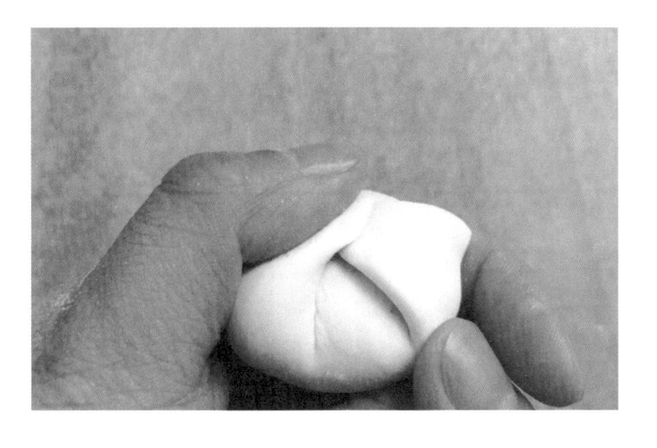

图2-1-11/对折成形

做好的元宝饺生坯如图2-1-12所示。下锅煮制同木鱼饺，成熟后装入汤碗，撒上葱花（图2-1-13）。

图2-1-12/元宝饺生坯
图2-1-13/元宝饺成品

草帽饺的制作

擀皮、上馅同元宝饺，直接将面皮对折捏拢成半圆形（图2-1-14）。将半圆形两头捏合，使之成为完整的圆形（图2-1-15）。

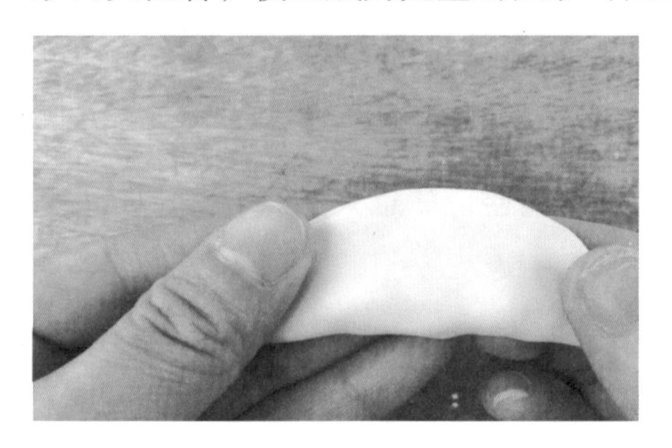

图2-1-14/面皮对捏
图2-1-15/草帽饺初坯

推捏出绳状花边（图2-1-16）。做好的草帽饺生坯如图2-1-17所示。

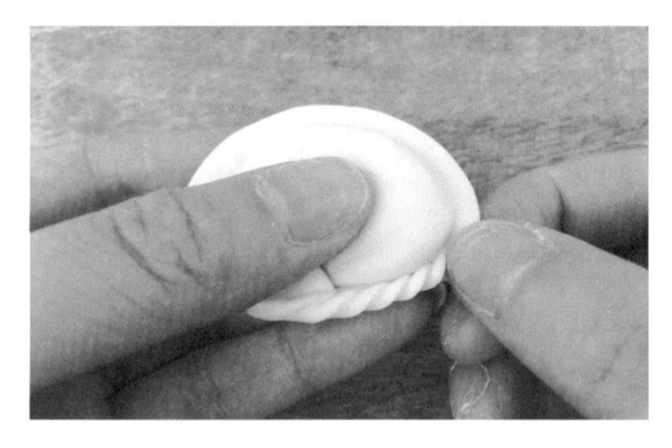

图2-1-16/推捏绳状花边
图2-1-17/草帽饺生坯

草帽饺生坯下锅煮制，同木鱼饺（图2-1-18）。成熟后装入汤碗，撒上葱花（图2-1-19）。

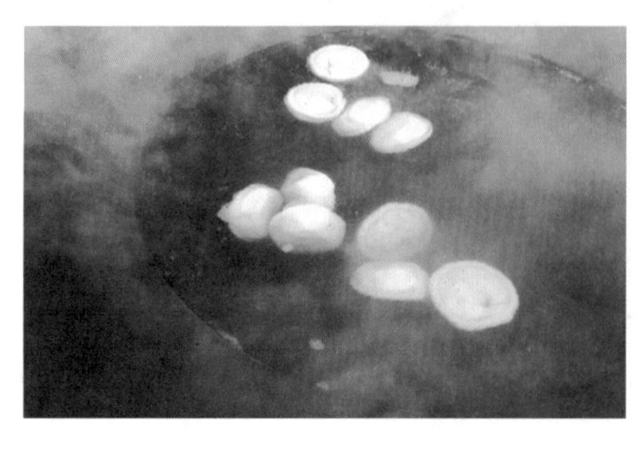

图2-1-18/煮制
图2-1-19/草帽饺成品

学习与巩固

1. 水调面团分为三种：______、______和热水面团。

2. 冷水面团又称为______。它的特点有______、______、______，一般适合于水煮和烙的品种，如水饺、各种面条、______、______、______等。

3. 水饺品种很多，根据馅料不同，有鲜肉水饺、______、______、______等。根据形状不同，有木鱼饺、______、______等。

学习感想

____

____

____

任务二　常见花色蒸饺的制作

任务情境

温水面团适于制作各种花色蒸饺，具有代表性的品种有月牙饺、四喜饺、一品饺、冠顶饺、白菜饺等。

任务目标

①掌握几种常见花色蒸饺的制作方法。

②自学1~3种花色蒸饺的成形方法。

面点工作室

一、温水面团的定义和特点

温水面团是采用50℃~60℃的温水调制而成的面团。由于水温高于冷水，水分子扩散加快，部分蛋白质热变性，面筋质的形成受到一定限制，而淀粉的吸水性有所增加，部分淀粉糊化变性，使面团筋性减弱。这种面团的筋性、韧性、弹性低于冷水面团，但可塑性却得到了提升，成熟后面皮呈透明状。

温水面团柔中有劲，富有可塑性，容易成形且熟制后不易变形，口感适中，色泽较白。

二、温水面团的调制方法及配方

温水面团的调制方法与冷水面团相同，只是将水改成温水。水温要控制好：过高会引起淀粉糊化或蛋白质明显变性，面团黏性过大，成品易变形；过低则淀粉不膨胀，蛋白质不变性，面团韧性过大，成品口感发硬。水温过高或过低都达不到温水面团的要求。调制温水面团应按品种的不同要求加水，使水、粉充分结合，散尽热气，揉匀、揉透后盖上湿布备用。

常见温水面团制品的配方如下（以500克中筋粉为例）：

花式蒸饺，加水220~250毫升；

家常饼，加水300毫升左右、盐2~3克；

闻喜饼，加水300~330毫升。

行家点拨

花色蒸饺制作要点

面团揉透、揉匀，软硬合适。

面皮要擀得圆且平，上馅时勿粘着边皮。

推捏时两边皮子要对齐，角要拉平，褶子要整齐。

任务实施

几种花色蒸饺的制作

1. 训练原料

面粉250克，温水120毫升，鲜肉馅300克。

2. 训练内容

通过几种花色蒸饺的制作，掌握推捏成形技法。

3. 月牙饺的制作方法

①原料、工具如前述制作木鱼饺原料、工具。

②250克面粉加入120毫升温水，揉成团。搓条，下剂10只，每只剂子约重10克。

图2-2-1 / 推捏月牙饺纹路

③将剂子按压后，擀成直径约10厘米的面皮，上馅。面皮约分成内四成外六成，一只手大拇指卷起用指关节顶住内四成面皮，另一只手两指推捏面皮成瓦楞式褶子，包捏纹路，如图2-2-1所示。

④ 将制作好的月牙饺生坯放进蒸笼，旺火蒸制6分钟（图2-2-2）。出笼，装盘（图2-2-3）。

图2-2-2/蒸制
图2-2-3/月牙饺成品

4. 花边饺的制作方法

①原料和工具同上，和面、下剂、擀皮、上馅同月牙饺。面皮对半成半圆形（图2-2-4）。在边上推捏出均匀的花边（图2-2-5）。

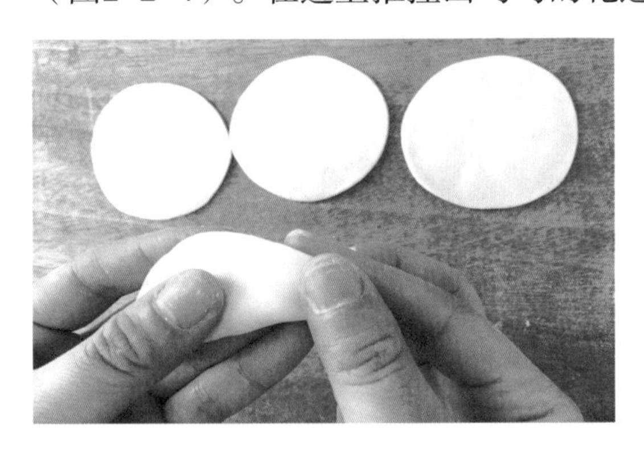

图2-2-4/面皮对半成半圆形
图2-2-5/推捏花边

②将制作好的花边饺生坯放进蒸笼，旺火蒸制6分钟（图2-2-6）。出笼，装盘（图2-2-7）。

图2-2-6/蒸制
图2-2-7/花边饺成品

5. 眉毛饺的制作方法

①原料和工具同上，和面、下剂、擀皮、上馅同月牙饺。面皮右面推进一角（图2-2-8），包拢。

②在眉毛形生坯上推捏出绳状花边（图2-2-9）。将制作好的眉毛饺生坯放进蒸笼，旺火蒸制6分钟。出笼，装盘（图2-2-10）。

图2-2-8/面皮推进一角

图2-2-9/推捏绳状花边
图2-2-10/眉毛饺成品

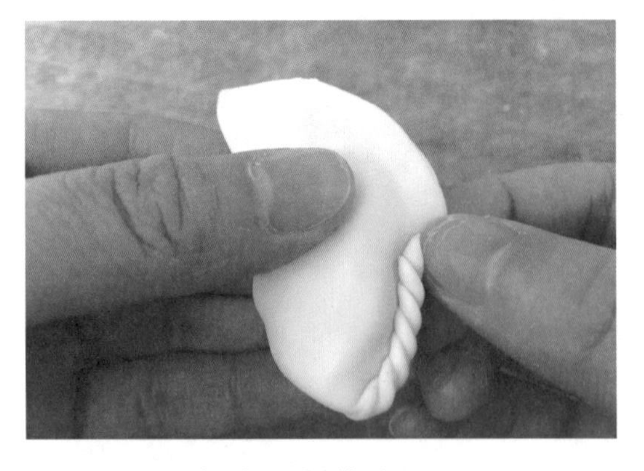

6. 四喜饺的制作方法

①部分原料和工具如图2-2-11、图2-2-12所示。

图2-2-11/四喜饺原料
图2-2-12/四喜饺工具

②和面，搓条，下剂，擀皮，面皮的直径约为12厘米，上馅（图2-2-13），成四等份（图2-2-14）。

图2-2-13/上馅
图2-2-14/成四等份

③中间合拢，再两两相合，推出中间4个小眼（图2-2-15）。捏出四喜形，点缀上4种原料末（图2-2-16）。

图2-2-15/推出中间小眼
图2-2-16/点缀原料末

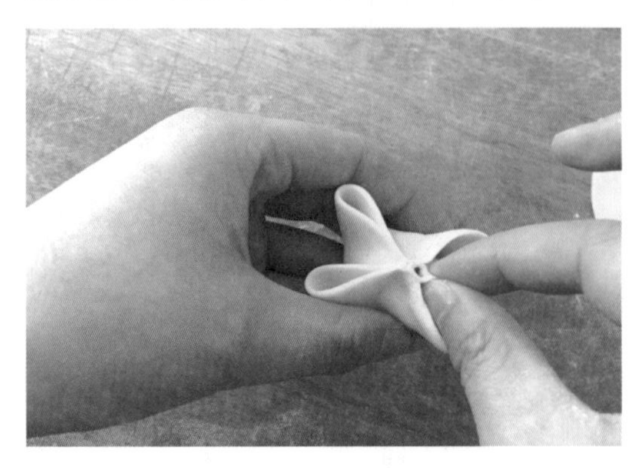

④将制作好的四喜饺生坯放进蒸笼，旺火蒸制6分钟（图2-2-17）。出笼，装盘（图2-2-18）。

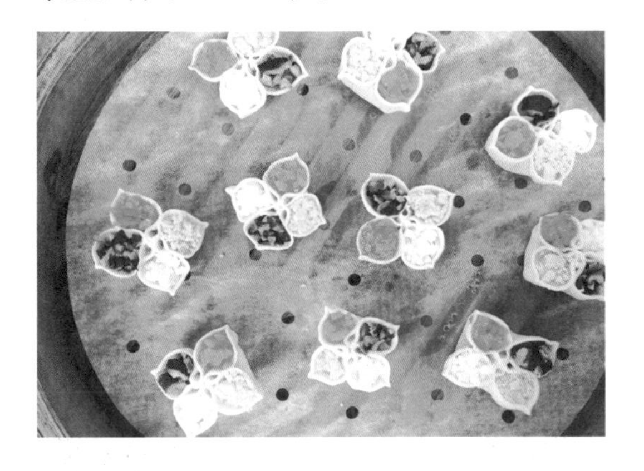

图2-2-17/蒸制
图2-2-18/四喜饺成品

7. 操作要求

①面团软硬适中。
②根据成品决定饺皮大小，饺皮圆整，无毛边，金钱底。
③熟练运用推捏成形技法。

想一想

温水面团与冷水面团有何区别?

拓展训练

梅花饺的制作

梅花饺成形技法同四喜饺，将面皮上馅，成五等份（图2-2-19）。两两相合，推出中间5个小眼，边上大眼捏平捏薄，成梅花饺初坯（图2-2-20）。

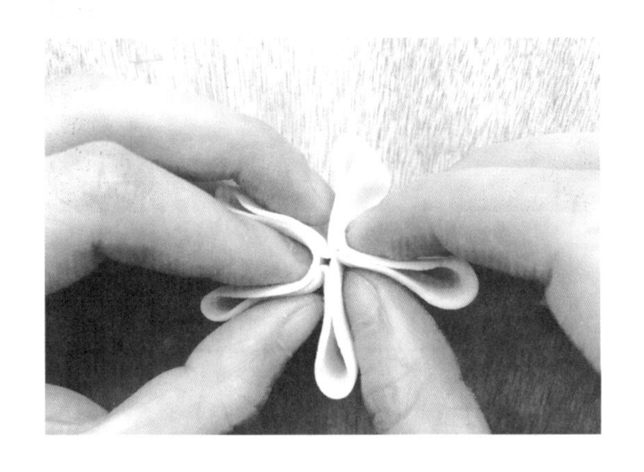

图2-2-19/成五等份
图2-2-20/梅花饺初坯

依据个人喜好点缀上蛋黄末或者胡萝卜末（图2-2-21）。上笼蒸制6分钟。出笼，装盘（图2-2-22）。

图2-2-21/点缀原料末

图2-2-22/梅花饺成品

佳作欣赏

图2-2-23/一品饺

图2-2-24/三叶饺

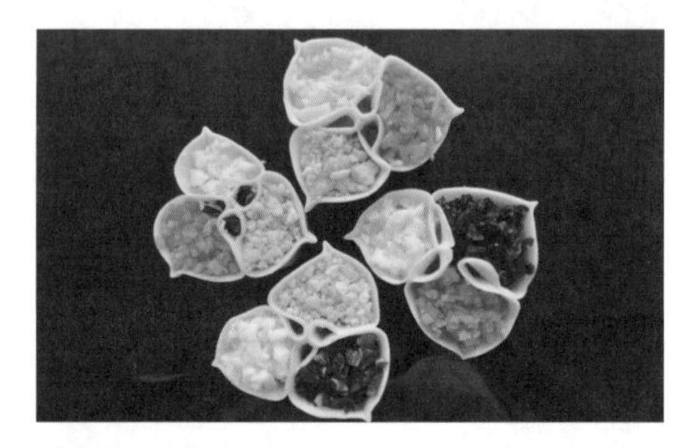

图2-2-25/白菜饺

图2-2-26/兰花饺

图2-2-27/冠顶饺

图2-2-28/花色蒸饺拼盘

学习与巩固

1. 温水面团是采用____________________调制而成的面团。

2. 月牙饺的成形技法是_______________。

学习感想

____

____

____

任务三　时尚花色蒸饺的制作

任务情境

当今时代，人们对美食的渴望和需求超乎想象。花色蒸饺的造型越发时尚，更具有观赏性。作为餐饮服务人员，我们要守正创新、与时俱进。下面介绍的几种时尚花色蒸饺，满足了美食爱好者对美的追求。

任务目标

①了解时尚花色蒸饺的制作方法。

②掌握1~2种时尚花色蒸饺的制作方法。

③开拓创新，尝试自创1~2种花色蒸饺。

面点工作室

花色蒸饺品种繁多，常见的花色蒸饺有十几种，一般分为象形类、几何图案类等。象形类如蜻蜓饺、金鱼饺、白菜饺、梅花饺；几何图案类如一品饺、四喜饺。按照等份，花色蒸饺分为二等份、三等份、四等份、五等份、六等份。二等份如月牙饺、花边饺、眉毛饺；三等份如一品饺、冠顶饺、三叶饺；四等份如四喜饺、兰花饺；五等份如梅花饺；六等份如六角连环饺等。

例如，一品饺，又名三鲜饺，红、绿、黑三种不同颜色的原料进行搭配，观赏性强，在酒店宴席中是常用的花色蒸饺之一。又如，金鱼饺，是中式面点中常见的花式蒸饺之一，它以温水面团做皮，包以鲜肉馅捏成金鱼形状经蒸制点缀而成，具有形似金鱼、制作精细、造型逼真、口味鲜美的特点，一般用作筵席点心。

行家点拨

时尚花色蒸饺制作要点

蒸饺作为面点中的常见品种，同时也是面点中级工考核内容之一。根据各地喜好不同，馅心的调制也是有所区别的，一般采用鲜肉馅，还可以采用什锦馅、虾仁馅等。

蒸饺的面皮一定要擀圆，周围薄而中间略厚，大小均匀。

面皮等份均匀，以便于造型。

应熟练运用推捏成形技法，花纹间距均匀、清晰。

任务实施

时尚花色蒸饺的制作

1. 训练原料

面粉250克，温水120毫升，鲜肉馅300克，蛋黄末（胡萝卜末）。

2. 训练内容

依制作方法，练习上馅、推捏成形技法。

3. 蝴蝶饺的制作方法

①部分原料如图2–3–1所示。工具有馅挑、面刮板、蒸笼、擀面杖等（图2–3–2）。

图2–3–1 / 蝴蝶饺原料
图2–3–2 / 蝴蝶饺工具

②和面、搓条、下剂、擀皮同任务一，面皮对折如图2–3–3所示，上馅如图2–3–4所示。

图2–3–3 / 对折
图2–3–4 / 上馅

③两边合拢，左侧同冠顶饺做法，右边成2个眼（图2–3–5）。推捏出花边，翻出折边，成蝴蝶饺生坯（图2–3–6）。

图2–3–5 / 包馅
图2–3–6 / 蝴蝶饺生坯

④ 在眼睛处点缀蛋黄末（或胡萝卜末），上笼蒸制6分钟（图2-3-7）。出笼，装盘（图2-3-8）。

图2-3-7/蒸制
图2-3-8/蝴蝶饺成品

4. 小鸟饺的制作方法

①上馅，面皮对折捏成饺子形（图2-3-9）。推捏花边，同花边饺，如图2-3-10所示。

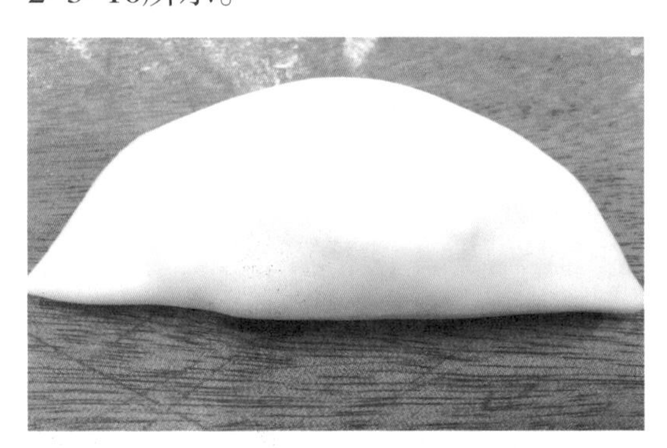

图2-3-9/对折包馅
图2-3-10/推捏花边

②中间对捏，折成小鸟翅膀（图2-3-11），再捏出头部（图2-3-12）。

图2-3-11/折出小鸟翅膀
图2-3-12/捏出小鸟头部

③上笼蒸制6分钟（图2-3-13）。出笼，装盘（图2-3-14）。

图2-3-13/蒸制
图2-3-14/小鸟饺成品

5. 操作要求

①调制面团加温水时，水温控制在60℃左右。

②推捏成形要做到整齐均匀、造型逼真。

③蒸制时间不能太长，否则点缀原料容易变色，成品会塌陷。

想一想

运用各种成形技法，蒸饺还可以做出哪些造型?

拓展训练

四喜冠顶饺的制作

擀制直径约12厘米的面皮，对折，如图2-3-15所示。上馅，如图2-3-16所示。

图2-3-15/对折
图2-3-16/上馅

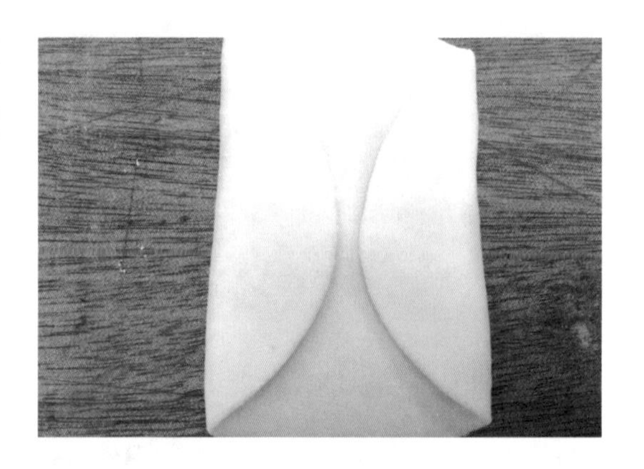

包捏成形（图2-3-17）。上面用剪刀剪平，推出4个眼，点缀上蛋黄末和胡萝卜末，上笼蒸制6分钟，出笼，装盘（图2-3-18）。

图2-3-17/包捏成形
图2-3-18/四喜冠顶饺成品

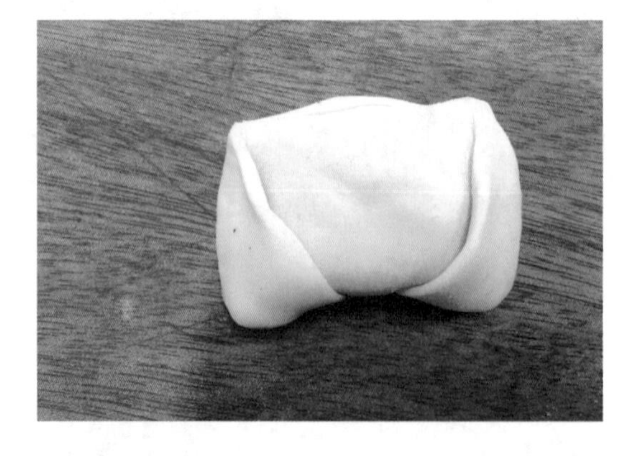

学习与巩固

1. 象形类蒸饺有__________、__________、__________等。几何图案类蒸饺有_________、_________等。

2. 一品饺又称__________，它的特点是________________________。

学习感想

____

____

____

任务四　烧卖、锅贴的制作

任务情境

烧卖又称烧麦、鬼蓬头，顶端蓬松束折如花，是一种以热水面团为皮裹馅上笼蒸熟的面食小吃。江浙一带人们把它叫作烧卖，而在北京等地则将它称为烧麦。烧卖历史不算长，直到清代的《桐桥倚棹录》中才有记录。烧卖自北至南，品种很多，各具风味，一般以馅料定名。例如，河南有切馅烧麦（河南仍叫烧麦），安徽有用鸭油拌糯米饭为馅的鸭油烧卖，杭州有羊肉烧卖，广州有蟹肉瑶柱干蒸烧卖等。广州还有几种不用面皮的独特烧卖，如猪肝烧卖、牛肉烧卖和排骨烧卖等。江苏扬州有翡翠烧卖，馅心用青菜制作而成，因皮薄青菜色泽透出而得名。一般糯米烧卖形如石榴，馅多皮薄，清香可口，既是地方风味小吃，也可以作为宴席佳肴。

生肉锅贴是热水面团制品的代表品种之一。生肉锅贴成品形似月牙，口味咸鲜，纹路均匀美观。

任务目标

①了解热水面团的有关知识。

②掌握烧卖、锅贴的制作方法。

面点工作室

一、热水面团的定义和特点

热水面团又称为沸水面团或烫面，是用80℃以上温度的水调制而成的面团。在热水的作用下，面粉中的蛋白质凝固，面筋质被破坏，因此面团无筋性。同时，面粉中的淀粉大量吸收水分，膨胀变成糊状并部分分解出单糖和双糖，因此面团具有黏性。

热水面团制品的特点是软糯、黏性好，容易成熟，成品呈半透明状，色泽较暗，但口感细腻。热水面团适宜制作烧卖、锅贴等。

二、热水面团的调制方法及配方

热水面团的调制是将面粉倒入盆中或倒在案板上，中间扒一凹坑，加80℃以上热水用擀面杖搅拌，边倒水，边搅拌，冬季时搅拌动作要快，使面粉均匀烫熟。最后一次揉面时，必须洒上冷水再揉成面团，其作用是使制品吃起来糯而不黏。面团和好后，需切成小块晾开，使其热气散发，冷却后，盖上湿布备用。

常见热水面团制品的配方如下（以500克中筋粉为例）：

各种烧卖，加水250毫升左右；

锅贴，加水225毫升左右。

行家点拨

热水面团调制要点

热水要浇匀浇透。目前大量调制多采用机器和面，水温相对要高些，面团也容易调匀调透。

加水适当。加水要在调制过程中一次掺足，不能在成团后调制。因为成团后补加热水再揉，很难揉均匀。如面团太软（掺水过多），重新掺粉再和，也不容易和好，还影响面团性质，而且吃时黏牙。

必须洒上冷水。冷水洒得较少，一是方便用手揉面，不至于太烫，二是成品吃口软糯，不黏牙。

散热及时。将和好的面团切成小块散去热气，防止制品结皮，表面粗糙，影响质量。

任务实施

烧卖、锅贴的制作

1. 训练原料

中筋粉250克，沸水125毫升，蒸熟的糯米200克，腊肉50克，玉米粒50克，胡萝卜粒50克，菠菜汁100毫升，鲜肉馅200克，葱花少许，盐，料酒等。

2. 训练内容

依制作方法，练习烧卖、锅贴的上馅、成形技法。

3. 五彩翡翠烧卖的制作方法

①部分原料如图2-4-1所示，主要工具如图2-4-2所示。

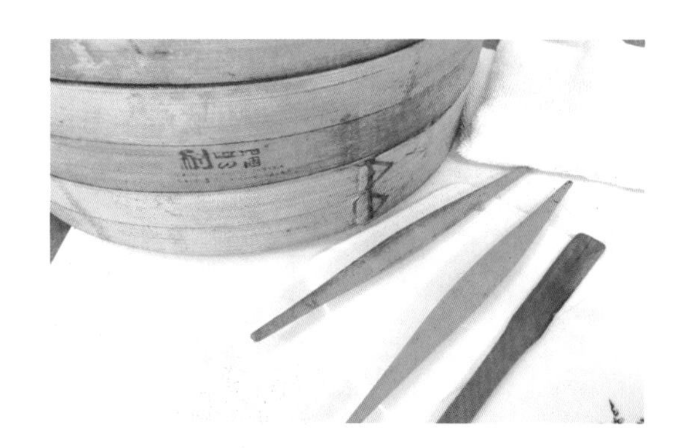

图2-4-1/五彩翡翠烧卖原料
图2-4-2/五彩翡翠烧卖工具

②调馅。将糯米饭和腊肉等配料拌和均匀，调味（图2-4-3）（最好下锅炒制，那样馅料更香）。用菠菜汁调制绿色面团（图2-4-4）。

图2-4-3/调制馅心
图2-4-4/调制面团

③和面成团，搓条，下剂，每只剂子约重12克，按皮，擀烧卖皮（图2-4-5）。上馅，压馅（图2-4-6）。

图2-4-5/擀皮
图2-4-6/上馅

④包捏成石榴形，上笼蒸制8分钟（图2-4-7）。出笼，装盘（图2-4-8）。

图2-4-7/蒸制
图2-4-8/五彩翡翠烧卖成品

4. 生肉锅贴的制作方法

①部分原料如图2-4-9所示，工具如图2-4-10所示。

图2-4-9/生肉锅贴原料
图2-4-10/生肉锅贴工具

②将饧好的面团搓条，下成每只12克左右的剂子，擀成直径约10厘米，中间厚、周围薄的面皮（图2-4-11）。一手托皮，一手上馅，面皮对折成半圆形，前面皮略高于后面皮，用一只手的虎口托住上好馅的面皮，用另一只手的拇指与食指包捏出均匀的皱褶（图2-4-12），制成月牙状生坯。

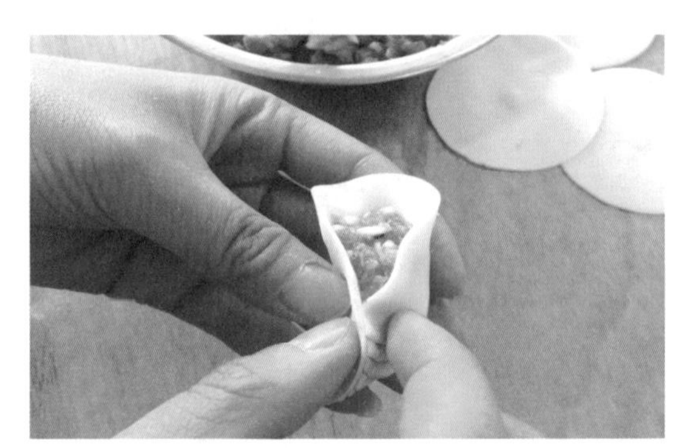

图2-4-11/擀皮
图2-4-12/包捏成形

③平底锅烧热后倒入少许色拉油，将锅贴生坯整齐排入锅中煎制（图2-4-13）。煎至锅贴底呈黄色时倒入冷水，水量以达到锅贴腰部为宜，盖上锅盖。待水烧干时再加少许水，煎5分钟左右淋些色拉油，撒上葱花，铲出装盘（图2-4-14）。

图2-4-13/煎制
图2-4-14/生肉锅贴成品

5. 操作要求

①馅心最好炒制，辅料味道融于糯米饭中，香味更加浓郁。

②调制面团的菠菜汁最好是温热的，这样烧卖皮吃口软糯。

③上馅时压实，采用馅挑辅助上馅。

④注意生肉锅贴的煎制时间。

想一想

烧卖还可以采用什么馅心？

拓展训练

糯米烧卖的制作

调制馅心。糯米淘洗干净后用冷水浸泡至酥，上笼蒸熟。五花肉煮熟切丁，冬笋切丁焯水，水发香菇切丁。锅烧热，加入底油、葱、姜炝锅，依次加入肉丁、笋丁、香菇丁、高汤，烹入料酒，然后加入生抽、老抽、盐、鸡粉、白糖调味，倒入蒸熟的糯米，收汤后放入猪油炒拌，盛出后加入味精成熟馅待用。

面粉倒在案板上，中间挖凹坑，加入沸水调成雪花面，淋少许冷水揉成团，撕开晾凉，再揉成团，搓条，下剂，擀烧卖皮（如果没有条件可擀饺皮代替），上糯米馅（图2-4-15）。

成形。一手托住面皮，一手塌入馅心，一边塌一边转动面皮，使烧卖颈部位于一只手的虎口中，不断调整形状，刮去多余馅心，使之渐渐收口（图2-4-16），成石榴形（图2-4-17）。

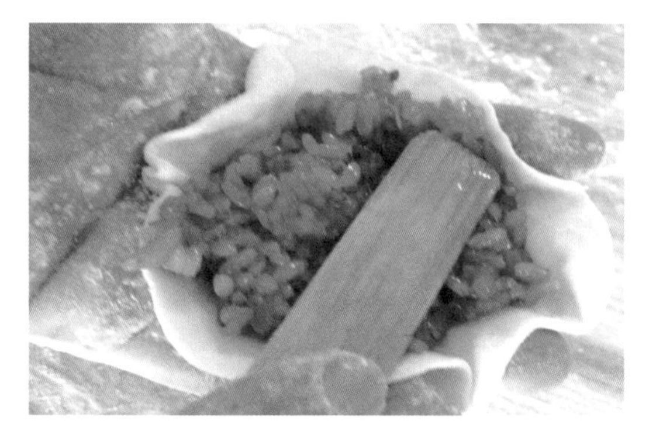

图2-4-15/上馅
图2-4-16/压馅

成熟。将包好的生坯上笼蒸8分钟即成（图2-4-18）。

图2-4-17/糯米烧卖生坯
图2-4-18/糯米烧卖成品

①糯米要浸泡透，否则易夹生。

②面团的软硬要适中，便于起褶。

③调制面团的水温必须要80℃以上。

④擀皮时双手所用力度不一样，要多加练习。

学习与巩固

1. 烧卖又称____________，是一种____________面食小吃。

2. 热水面团调制的注意事项有____________，____________，____________，____________。

学习感想

____

____

____

项目三　中点发酵

项目描述

中式面点制作中的一套重要技术是“发面技术”。发面（或称发酵），是在调制面团时添加适量的膨松剂，使面团发生变化，产生气体和水分，从而使面团暄软、膨松。传统发面工序烦琐，采用面肥发酵，需要较强的兑碱技术，称为“面肥发酵法”。现代发面技术主要采用酵母发酵，快速、方便、富有营养。

项目分析

小沈是烹饪班二年级的学生，按学校制度，进入某酒店实习。她对面点比较感兴趣，经过申请，她进入该酒店的点心房进行学习。面对各种点心，小沈跃跃欲试。第一天上班，点心房领班就分配给了她一个任务——小刀切。那么，她该从哪里开始学习制作呢？饮食行业中流传着一句话：“制作面点有两套半技术，一套是发酵，一套是制作花色面点，还有半套是制馅。”由此可见，发酵面团的调制是面点制作中重要的技术之一。小沈才学习了一点儿发酵面团的制作方法，如何灵活运用这些方法，制作香甜暄软的小刀切呢？

项目目标

①了解发酵面团各个品种的原料配比。
②熟悉发酵面团的发酵原理及影响发酵的因素。
③掌握发酵面团常见品种的调制方法。
④熟练掌握发酵的技艺及其操作要领。
⑤掌握1~2道创新发酵面团制品的制作工艺。
⑥培养改良创新、勇于探究的职业精神。

项目实施

任务一 刀切馒头的制作

任务情境

馒头是人们餐桌上常见的传统主食之一。和米饭相比，馒头具有低热量、低脂、低糖的优点。馒头是将面粉与酵母混合发酵后蒸制而成的，其中发酵的酵母是人体所需B族维生素的主要食物来源之一。B族维生素是水溶性维生素，可以起到调节新陈代谢，维持皮肤和肌肉的健康，增进免疫系统和神经系统的功能的作用。

其实蒸馒头并没有大家想得那么复杂，只要把握制作过程中的几个关键点——和面—成形—发酵—蒸制，就可以轻松制作出松软可口的馒头。

任务目标

①学会制作刀切馒头。

②熟练掌握刀切馒头的原料配比以及发酵方法。

③进一步练习和面、揉面、搓条、下剂等基本技术。

面点工作室

在调制面团的过程中，除了加水或鸡蛋外，还添加酵母或化学膨松剂，或采用机械搅打方法，使面团具备膨松能力，这样制作出的面团统称为膨松面团，一般称发酵面团。

一、生物蓬松面团

生物蓬松面团，是指采用生物蓬松法调制而成的面团。在调制过程中，添加适量的酵母或者酵种（又称老肥、面肥等），利用酵母菌繁殖发酵，起“生化”反应，使面团膨胀疏松。在教学中常采用此发酵方法。生物蓬松面团适宜制作大包、馒头、花卷等品种。

（一）生物蓬松面团的种类

1. 酵母发酵面团

酵母发酵面团采用的酵母是工厂选用纯菌培制的，具有菌种纯、发酵力强的特点。常用的酵母有鲜酵母和干酵母。

图3-1-1/鲜酵母
图3-1-2/干酵母

鲜酵母又称压榨酵母，呈淡黄色块状，具有特殊香味，发酵力强而均匀。

干酵母呈粒状，具有清香气味和鲜美滋味，发酵力较弱。

2. 酵种发酵面团

酵种又称老面、面肥，它是含有酵母菌的面头。酵种中除了含有酵母菌之外，还含有杂菌，因而用酵种发酵后面团有酸味，需要兑碱去除酸味。

（二）生物蓬松面团的膨松原理

面团中加入酵母菌后，酵母菌利用面粉中淀粉、蔗糖分解成的单糖作为养分而繁殖增生，进行呼吸作用和发酵作用，产生大量的二氧化碳气体，同时产生水和热。二氧化碳被面团中的面筋网络包住不能逸出，在加热过程中不断膨胀，从而使面团出现蜂窝组织，膨大、松软，并产生酒香味，如用酵种发酵还会产生不良的酸味。

二、化学膨松面团

化学膨松面团是用化学膨松法，即掺入化学膨松剂调制而成的面团。目前，常用的化学膨松剂有两类：一类是发酵粉（小苏打、臭粉）等，它们多单独使用，常用于制作各类酥皮；另一类是矾、碱、盐结合使用，应用于制作油条等。其制品的特点是体积膨大，蜂窝状组织结构的口感酥脆浓香，海绵状组织结构的口感暄软清香。由于矾对人体有害，因此，使用矾、碱、盐膨松面团的方法正逐步被淘汰。

三、物理膨松面团

物理膨松法，又叫机械力胀发法，俗称调搅法。这种方法利用鸡蛋作为调搅介质，通过高速搅拌，然后加入面粉搅成蛋糊形成蛋糕面团，制品成熟时具有膨松柔软的特性。此方法基本上不受生物和化学条件的限制，具有良好的工艺效果，与酵母、酵种、化学膨松剂相比有更大的膨松力，成品质地暄软、口味鲜美、营养丰富，多用于制作各式蛋糕。

任务实施

刀切馒头的制作

1. 训练原料

面粉300克，干酵母4克，绵白糖20克，水150毫升。

2. 训练内容

按照配方调制面团，掌握发酵面团制作技艺。

3. 制作方法

①原料如图3-1-3所示，主要工具如图3-1-4所示。

图3-1-3/刀切馒头原料
图3-1-4/刀切馒头工具

②调制面团。将面粉倒在案板上，中间挖一凹坑，将干酵母、绵白糖置于中间，加少许水调开（图3-1-5）；再将剩下的水和面粉一起和成面团，揉至面团均匀、光滑备用（图3-1-6）。

图3-1-5/加水调面
图3-1-6/成团

③成形。将揉好的面团揉搓成直径5厘米左右的剂条（图3-1-7），再将剂条切成5厘米左右宽的剂子（图3-1-8）。

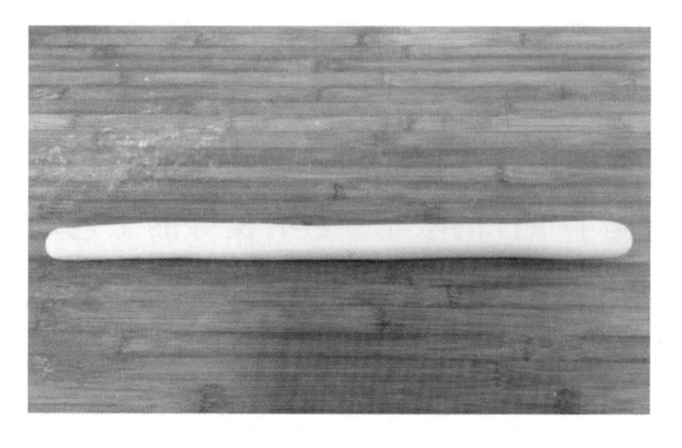

图3-1-7/搓条
图3-1-8/切剂

④饧发。将纱布浸湿铺在蒸屉上，摆上刀切馒头生坯，先不开火，让馒头

生坯在温度为25℃~28℃的地方静置20分钟，使生坯体积膨大，面皮柔软有弹性（图3-1-9）。

⑤成熟。大火蒸制10~13分钟，出笼，装盘（图3-1-10）。

图3-1-9/饧发
图3-1-10/刀切馒头成品

4. 操作要求

①调制面团时，注意原料的配比是否合理，掌握面团的软硬度，掺水量要恰到好处。

②要掌握好面团的发酵程度，不能发过，也不能发不到位。看面团是否发好有两种方法：一种是看体积，发好的面团比发之前要大一些，色泽白嫩；另一种是用手轻按，按下去的坑能慢慢恢复，即发酵正常。

③水沸后再上蒸笼，掌握好蒸制时间，中途不能开盖，这样才能蒸出饱满蓬松的馒头。蒸制时间不宜过长，否则馒头容易粘底。

想一想

生物蓬松面团的膨松原理是什么？ 怎样鉴别发酵面团的发酵程度?

双色馒头的制作

制作双色馒头有两种方法。第一种，将一半面团加入可可粉、咖啡粉或抹茶粉等天然原料，揉制成有颜色的面团，与原味白色面团互相卷叠、切断蒸制即成（图3-1-11）。第二种，运用两种不同的成熟方法，将刀切馒头一半蒸制、一半炸制即成（图3-1-12）。

图3-1-11/双色馒头1
图3-1-12/双色馒头2

温馨提示

①和面、揉面时，动作连贯，用力均匀。
②注意控制刀切馒头的生坯大小一致，否则发酵程度不一样，影响成品效果。
③用刀注意安全，下刀果断、准确。

学习与巩固

1. 膨松面团分为__________、__________、__________三类。
2. 化学膨松面团的组织结构呈__________或__________。
3. 物理膨松法适合制作______________________________等。
4. 刀切馒头的下剂方法是____________。

学习感想

____

____

____

任务二　美味花卷的制作

任务情境

花卷是常见的中式发面面点之一，口味和形态富于变化，深受各地人们的喜爱。从口味选择上来说，南方多以单纯的甜花卷和葱油咸花卷为主，而北方则会加入花生酱、芝麻酱、花椒盐等来丰富口味。花卷的形态也有很多种，如马蹄卷、蝴蝶卷、虎头卷等。但万变不离其宗，大家学会做基本的花卷后就可以根据各自的习惯、喜好来创新制作方法了。

任务目标

①学会制作1~2种花卷。
②在葱油花卷的基础上，自学其他花卷的制作方法。

在实际制作过程中，发酵受到下列因素的影响。

一、温度

酵母菌在0℃以下会失去活动能力，在15℃以下繁殖较慢，在30℃左右繁殖最快，考虑到酵母菌代谢会产生一定热量，所以发酵温度一般应控制在25℃~28℃。如温度过低，发酵速度慢；如温度高于适宜温度，则酵母菌发酵受到抑制。

二、酵母、酵种

（一）酵母发酵力

鲜酵母的发酵力一般在650毫升以上，干酵母的发酵力一般在600毫升以上。如果使用发酵力不足的酵母，会引起面团发酵迟缓，从而造成面团发酵度不足，产生的气体不足，成品膨松度不够。

（二）酵母、酵种的用量

在一般情况下，酵母的用量越多，发酵速度越快。但研究表明，加入酵母数量过多时，酵母菌的繁殖力反而降低，且会出现明显的涩味。实验证明酵母的用量以0.5%~1%为适宜。酵种的用量一般凭实践经验掌握，没有规定，根据气候、水温及制作品种等来确定，其用量一般不超过面粉重量的20% 。

三、面粉

（一）面筋质的影响

在面团发酵时，用高筋粉调制成的面团保持气体的能力较强，能保持大量气体，使面团膨胀成海绵状的结构；如果使用低筋粉，不能保持住面团发酵时所产生的大量气体，容易造成制品生坯塌陷而影响成品质量。

（二）酶的影响

发酵时淀粉的分解需要酶的作用，如果面粉变质或经高温处理，都会使淀粉酶受到损失，降低面粉的糖化能力，不能迅速提供酵母菌所需糖源，而影响面团的正常发酵。

四、加水量

含水量多的面团，酵母菌的增长率高，面团较软，容易膨胀，从而加快了面团的发酵速度，但是发酵时间短，产生的气体容易散失；含水量少的面团，酵母菌增长率低，面团较硬，对气体的抵抗能力较强，抑制了面团的发酵速度，但保持气体的能力强。因此和面时要根据面粉的性质、含水量、制品品种、气温来适当掌握加水量。

面筋质含量高的加水多，面粉颗粒大的吸水速度慢，加水少。新麦磨的面粉含水量高，宜少加水，陈麦磨的面粉宜多加水。冬季气温低、干燥，宜多加水，夏季则宜少加水。含油脂、糖的面团加水要少一些。

五、发酵时间

发酵时间对面团的发酵影响很大，时间过长，发酵过度，面团质量差，酸味大，弹性也差，制得的成品带有“老面味”，呈塌落瘫软状态。发酵时间短，发酵不足，则不胀发，色暗质差，也影响成品的质量。应根据酵母、酵种用量和温度确定发酵时间。

以上五种因素，并不是孤立存在的，而是相互影响、相互制约的。

任务实施

花卷的制作

1. 训练原料

面粉300克，干酵母4克，绵白糖20克，水150毫升，葱花100克，盐、味精适量，色拉油适量。

2. 训练内容

按照配方调制面团，掌握花卷的制作方法。

3. 制作方法

①部分原料如图3–2–1所示，主要工具如图3–2–2所示。

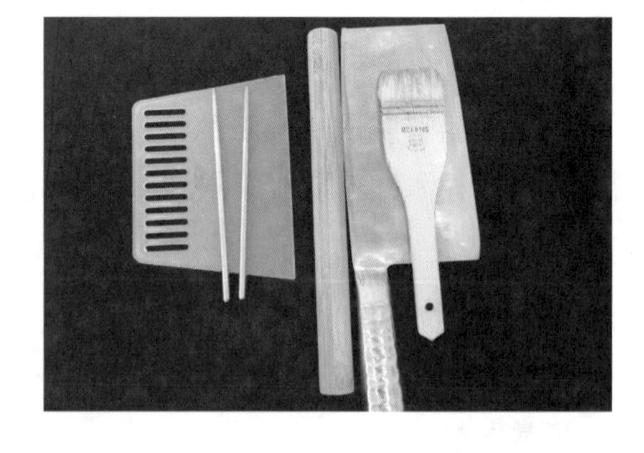

图3–2–1/花卷原料
图3–2–2/花卷工具

②调制面团同刀切馒头，调好后饧置备用。

③成形。将饧好的面团用擀面杖擀成厚约5毫米的长方形面片（图3–2–3）；刷上一层色拉油，再均匀地撒上盐、少许味精、葱花（图3–2–4）；然后卷成粗细均匀的长条（图3–2–5）；用刀切成宽5厘米左右的剂子（图3–2–6）；取一只剂子用双手捏住两端略抻一下，然后将其折叠成“S”形（图3–2–7、图3–2–8）；用筷子在中间向下按压一下，使有层次的刀口向上翻起即成（图3–2–9、图3–2–10）。

图3-2-3/擀片
图3-2-4/撒盐、葱花

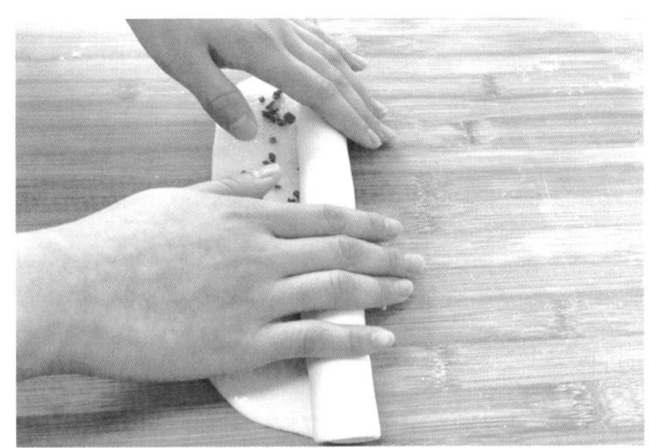

图3-2-5/卷起
图3-2-6/切剂

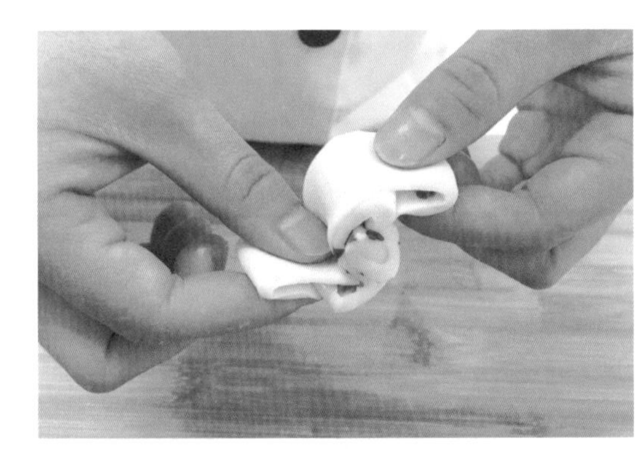

图3-2-7/抻拉
图3-2-8/折叠“S”形

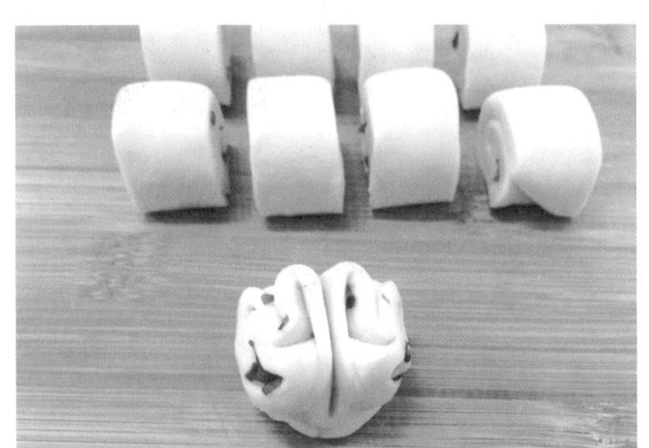

图3-2-9/按压
图3-2-10/整形

④饧发。将纱布浸湿铺在蒸屉上，摆上花卷生坯，先不开火，让花卷生坯在温度为25℃~28℃的地方静置20分钟，使生坯体积膨大（图3-2-11）。

⑤成熟。大火蒸制10~13分钟，即可取出装盘。

图3-2-11/饧发

4. 操作要求

①调制面团时，注意原料的配比是否合理，掌握面团的软硬度、掺水量。

②要掌握好面团的发酵程度，使其松软中带有韧性。

③卷的时候两端要整齐，并且要卷紧，防止馅心掉落。

④水沸后再上蒸笼，掌握好蒸制时间。蒸制时间不宜过长，否则成品容易粘底。

想一想

花卷还能有其他的制作方法吗？你能列出几种？

拓展训练

蝴蝶卷的制作

看图（图3-2-12~图3-2-15）自学制作蝴蝶卷，调制面团与擀制同花卷一样。

图3-2-12/切剂
图3-2-13/对称排列

图3-2-14/夹成蝴蝶形
图3-2-15/整理成形

佳作欣赏

图3-2-16/四喜卷
图3-2-17/双喜卷

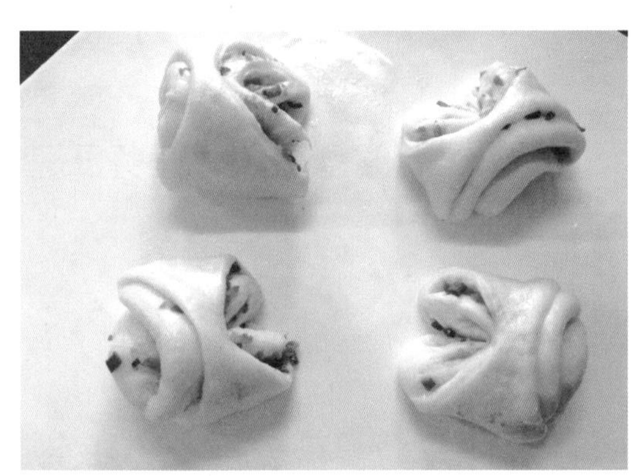

图3-2-18/蝴蝶卷
图3-2-19/猪蹄卷

相关链接

手工成形技法

搓。搓指按照品种的不同要求，将面坯用双手来回揉搓成规定形状的过程。搓可分为搓条和搓形两种技法，具体形式又有直搓和旋转搓两种。

卷。卷一般指将擀好的面坯，经加馅、抹油或直接根据品种要求，形成间隔层次的圆柱形状，可分为单卷和双卷两种方法，主要用于制作花卷、层酥制品等。

包。包指将馅料与坯料合为一体的方法，应用的品种如粽子、馄饨、豆沙包等。

捏。捏指将包入馅心或不包入馅心的坯料，经过双手的指上技巧，按照设计的品种形态要求进行造型的方法，是比较复杂、富有艺术性的一项操作技术。捏主要用于象形面点的制作，如花色蒸饺、鲜虾饺等。

抻。抻又叫抻拉法，是中式面点制作中独有的一项技法，技术性很强，是指将调好的面团，经过双手不断上下顺势抛动，反复拉合、抻拉，将大块面团抻拉成富有韧性的条、丝的一种方法，应用的品种如拉面、龙须面等。

擀。擀指运用各种擀面杖，将面坯制成不同形态的一种方法。擀有单手擀、双手擀、走槌擀等之分，具有较强的技术性。应用的品种如馄饨皮、饺皮、烧卖皮等。

此外还有切、削、拨、叠、摊等成形技法。

学习与巩固

1. 花卷成形用到的是____________技法。
2. 酵母的用量以____________为适宜。
3. 酵种的用量一般不超过面粉重量的____________%。

学习感想

____

____

____

任务三　银丝卷的制作

任务情境

银丝卷为汉族传统小吃，亦是京津地区著名小吃。银丝卷以制作精细、面内包以缕缕银丝而闻名。除蒸食以外，银丝卷还可入烤箱烤至金黄色食用，也另有一番风味。银丝卷色泽洁白，入口柔和香甜，软绵油润，回味无穷，常作为宴会点心使用。

任务目标

①学会制作银丝卷。

②熟练掌握发酵时机。

任务实施

银丝卷的制作

1. 训练原料

面粉300克，干酵母4克，绵白糖20克，水150毫升，色拉油适量。

2. 训练内容

按照制作过程的示范，掌握银丝卷的制作方法。

3. 制作方法

①部分原料如图3-3-1所示，主要工具如图3-3-2所示。

②调制面团同刀切馒头，调好后饧置备用。

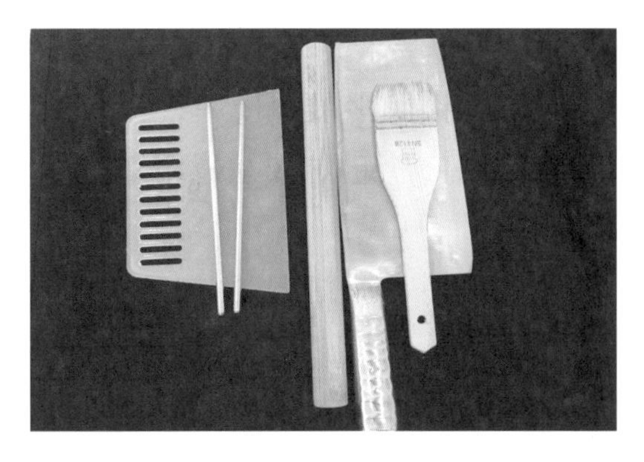

图3-3-1/银丝卷原料
图3-3-2/银丝卷工具

③成形。将饧好的面团用擀面杖擀成两块厚约3毫米的长方形面片，分为大小两片（图3-3-3）；将其中大的一片切成细长条，刷上一层色拉油，卷入另一片面片中，卷成筒状（图3-3-4~图3-3-7）；然后用刀切成剂子（图3-3-8）。

图3-3-3/擀片
图3-3-4/取一片切细条

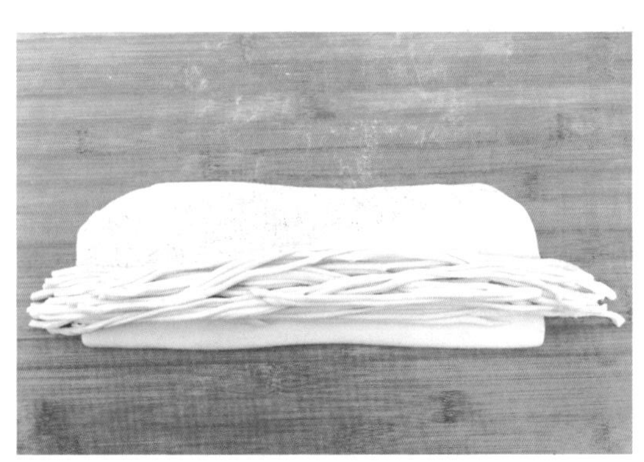

图3-3-5/刷油
图3-3-6/放置

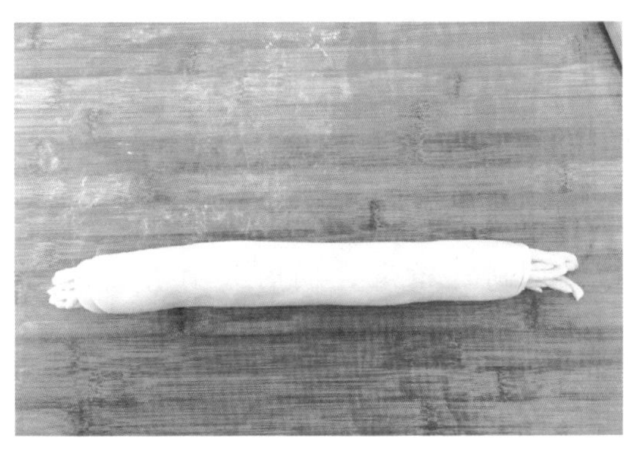

图3-3-7/卷起
图3-3-8/切剂

④饧发。将纱布浸湿铺在蒸屉上，摆上银丝卷生坯，先不开火，让银丝卷生坯在温度为25℃~28℃的地方静置20分钟，使生坯体积膨大。

⑤成熟。大火蒸制10~13分钟，即可取出食用。

4. 操作要求

①擀制的面片要厚薄一致。

②切细长条时，要注意粗细均匀，切丝的面片要刷一层油，防止细长条之间粘连。

③注意掌握发酵程度。

想一想

给细长条刷油的作用是什么?

拓展训练

试试用拉面的技法制作银丝卷。

将银丝换成其他颜色，如用南瓜汁调制的面团切丝，请动手做一做。

佳作欣赏

图3-3-9/刺猬包成品
图3-3-10/金丝卷

相关链接

京式面点

京式面点起源于黄河以北的广大地区（包括华北、东北等）。京式面点用料丰富，但以小麦粉为主；品种众多，有被称为我国“四大面食”的抻面、刀削面、小刀面、拨鱼面，还有麻花、包子、豌豆黄、凉糕、艾窝窝等风味小吃；制作精细，制馅多用水打馅，使得馅心肉嫩汁多，具有独特的风味。

京式面点之所以风味突出，是由于面食制品制作精湛，同时又有其独到之处。例如，暄腾软和、色白味香的银丝卷制作，需经过和面、发酵、揉面、溜条、抻条、包卷、成熟7道工序。面点师必须具有熟练的抻面技术，面坯需经过连续9次抻条，抻出512根名为一窝丝的细面丝，且粗细均匀，不断不乱，互不粘连，然后在此基础上制作银丝卷。

学习与巩固

1. 银丝卷以____________、____________而闻名。

2. 京式面点的特点有：____________、____________、____________。

学习感想

____

____

____

任务四 鲜肉中包的制作

任务情境

鲜肉中包是一种汉族传统面食，是发酵面团中的重要品种。鲜肉中包可口松软，营养丰富，是餐桌上必不可少的主食之一。

任务目标

①掌握鲜肉中包肉馅的调制方法。

②掌握发酵面团的调制。

③掌握提褶包捏技法。

面点工作室

一、蒸制技术

蒸是将成形的生坯码放在蒸笼（或蒸箱）里，利用蒸汽作为传热介质，使制品生坯成熟的一种方法。在几种熟制方法中，蒸是使用较为广泛的一种。因为加热温度在100℃以上，所以蒸制品适应性较广，其成品特点是：味道纯正，花色品种保持形态不变，吃口暄软，馅心鲜嫩，容易被人体消化吸收。

蒸制品的种类有馒头、包子、花卷、烧卖、蒸饺等。

二、蒸制的基本过程

蒸锅加水。使用蒸锅前，先向锅内加水，水量以八分满为宜。

生坯摆屉。将制品生坯按一定间隔距离，整齐地摆入蒸笼，其间距应使生坯在蒸制过程中有膨胀的余地。若间距过密，生坯蒸制过程中相互粘连，易影响制品形态。静置一段时间进行饧发，饧发的温度为25℃~28℃，目的是使生坯继续膨胀，达到蒸后制品暄软的效果。

上笼蒸制。把水烧开后，将蒸笼置于蒸锅上，将笼盖盖严，为保持笼内有均匀和稳定的湿度、温度和气压，要始终保持一定火力，产生足够的蒸汽。中途不能开盖，做到一次蒸熟。

控制时间。要根据品种类型和成熟难易的不同，灵活掌握蒸制时间。

成熟下屉。成熟后及时下蒸笼，以避免成品与屉布粘连而影响质量。

任务实施

鲜肉中包的制作

1. 训练原料

坯料：面粉300克，干酵母4克，绵白糖20克，水150毫升。

馅料：夹心肉150克，水（皮冻）70克，葱花50克，姜末、盐、香油、酱油、料酒少许。

2. 训练内容

按照配方调制面团和馅心，掌握鲜肉中包的发酵和成形。

3. 制作方法

①调制面团同刀切馒头，揉好以后饧发待用。

图3-4-1 / 剁成肉末

②制馅。将夹心肉剁成肉末（图3-4-1），加入适量姜末、盐、料酒、酱油；稍微搅拌后，分三次将水加入肉末，顺着一个方向将肉末搅打至充分上劲，吃足水分（直接加切好的皮冻末也可以）；最后放入葱花、香油，搅拌均匀即可（图3-4-2~图3-4-5）。

图3-4-2 / 肉末加调料

图3-4-3 / 肉末加水

图3-4-4/肉末加葱
图3-4-5/肉馅、面团

③成形。将饧好的面团搓条，摘出15只剂子（图3-4-6）并擀成圆皮（图3-4-7、图3-4-8）。一只手托皮，手指向上弯曲，使皮在手中呈凹形，另一只手挑抹上馅（图3-4-9）。用拇指、食指提褶包捏一圈，收口成“鲫鱼嘴”即成（图3-4-10~图3-4-13）。

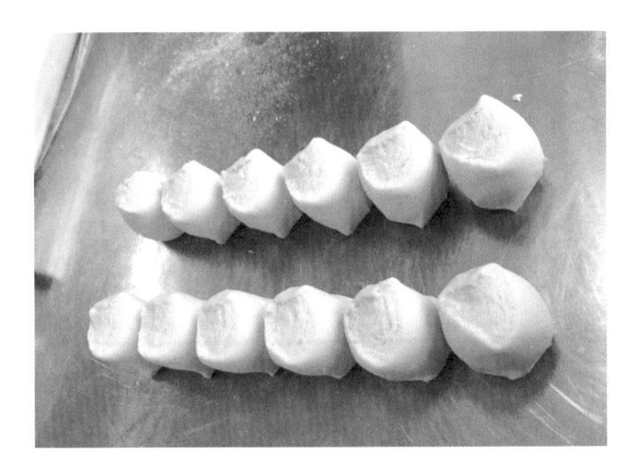

图3-4-6/摘剂
图3-4-7/按皮

图3-4-8/擀皮
图3-4-9/上馅

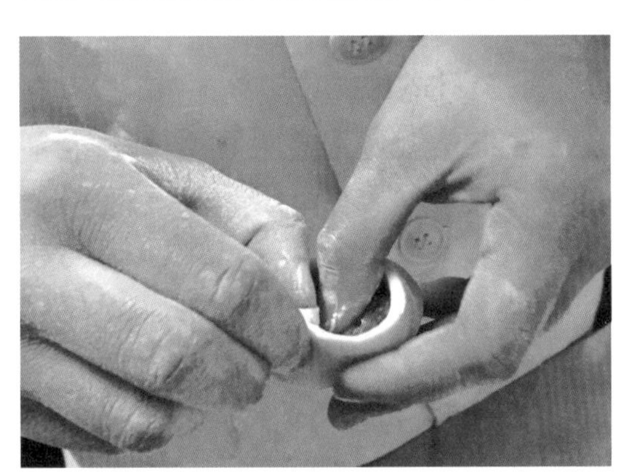

图3-4-10/提褶1
图3-4-11/提褶2

图3-4-12/收口
图3-4-13/生坯

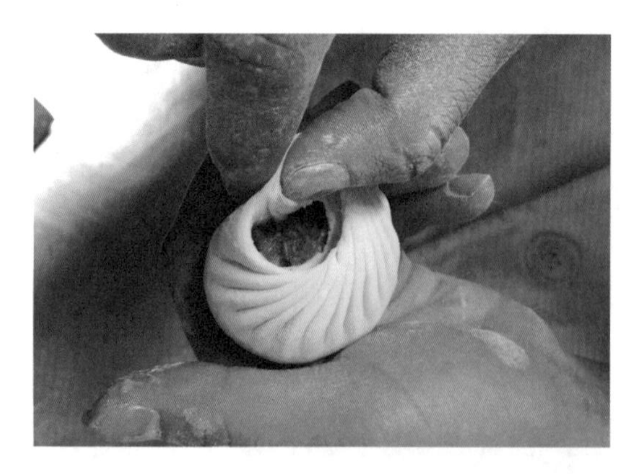

④饧发，成熟。在25℃~28℃的环境中静置半小时，待生坯体积增大、手指按压能迅速恢复原状时，大火蒸制8~10分钟，即可取出食用（图3-4-14、图3-4-15）。

图3-4-14/饧发
图3-4-15/鲜肉中包成品

4. 操作要求

①调制面团的水温在30℃左右，以便干酵母更有效地发挥作用。

②掌握好面粉与干酵母、绵白糖的比例。

③发酵面团必须揉匀揉透，才能使成品松发、柔软、光洁。

④肉馅的吃水量要灵活掌握，肥瘦比例以2∶3或1∶1为宜。搅打时顺着一个方向，以便肉馅充分上劲。

⑤包捏技法要准确，提褶要匀称，保证成品大小一致、形态美观。

行家点拨

蒸制要点

蒸锅内水量要适当。水量少，产汽不足；水太多，沸腾时会溢出。

掌握蒸制时间。时间过长，制品会发黄、变实、变形，影响成品色、香、味；时间过短，制品外皮发黏带水，黏牙难吃，无熟食香味。

想一想

1. 肉馅为什么要加水?
2. 鲜肉中包的包法是什么，包制要点有哪些?

拓展训练

生煎包的制作

生煎包是流行于上海及浙江、江苏、广东的一种汉族传统小吃，简称为生煎。上海人习惯称之为“馒头”，因此在上海生煎包又称生煎馒头。生煎包汁浓、肉香、精巧。轻咬一口，底部香脆、上层暄软，肉香、油香、葱香、芝麻香在口中久久不散。生煎包（图3-4-16）原为茶楼、老虎灶（开水店）兼营品种。馅心以鲜猪肉加皮冻为主，20世纪30年代后，上海有了生煎包的专营店，馅心也增加了鸡肉、虾仁等多种品种。

图3-4-16/生煎包

制作方法：

①调制好发酵面团，与鲜肉中包包法一致，制成生煎包生坯；

②将平底锅烧热，淋一层油（热锅冷油），摆入生坯稍煎，待底部煎成黄色时，浇入水，盖上锅盖焖煮（水位要达到生煎包的一半高），水烧干时，掀盖撒上芝麻、葱花，离火再焖一会儿即可铲出装盘。

操作要求：

①生煎包的汁水来自皮冻，也可以往肉馅里多打些水或高汤，这样也可以增加肉馅的嫩度。

②生煎包的大小尽量保持一致，这样入锅后能均匀成熟。

③生煎包的上部是靠锅里的水分蒸发膨胀成熟的，所以水的多少要适宜。煎一锅生煎包大约需130克水，分两次加入，第二次加水的同时还要加少许油，这样可使生煎包的底部特别酥脆。

学习与巩固

1. 蒸制的基本过程是__________、__________、__________、__________、__________。

2. 鲜肉中包选用的肉馅肥瘦比例为____________。

学习感想

____

____

____

任务五　秋叶包的制作

任务情境

秋叶包也被称为柳叶包、麦穗包、枫叶包，外形漂亮，深受广大人民喜爱，属于江苏小吃。秋叶包形似秋叶，表皮膨松，肉质鲜嫩。

任务目标

①熟练掌握发酵面团的调制方法、肉馅的制作方法。

②学会秋叶包的成形技法和成熟方法。

任务实施

秋叶包的制作

1. 训练原料

坯料：面粉200克，干酵母3克，绵白糖20克，水150毫升。

馅料：同鲜肉中包。

2. 训练内容

按照配方调制面团和馅心，掌握秋叶包的发酵工艺和成形技巧。

3. 制作方法

①调制面团同鲜肉中包，揉好以后饧发待用。

②成形。搓条，下剂，将剂子擀成中间厚、周围薄，直径约8厘米的面皮。将馅心放在面皮上，压紧摊平（图3-5-1）；拇指和食指放在面皮靠近身体一侧的底部，同时向里，稍稍用力捏紧（图3-5-2）；食指捏住第一个褶往对应的方

图3-5-1/上馅
图3-5-2/同时捏

向向里收紧，捏牢（图3–5–3）；拇指捏住现有的褶再往反方向向里收紧，捏牢（图3–5–4）；依此类推，拇指和食指交替完成捏褶，直到末端（图3–5–5），整理成形（图3–5–6）。

图3–5–3/食指捏
图3–5–4/拇指捏

图3–5–5/交替捏到末端
图3–5–6/整理成形

③饧发，成熟。在25℃~28℃的环境中静置半小时，待生坯体积增大、手指按压能迅速恢复原状时，大火蒸制8~10分钟，即可取出食用（图3–5–7）。

图3–5–7/秋叶包成品

4. 操作要求

①调制面团的水温在30℃左右，以便干酵母更有效地发挥作用。

②严格掌握面粉与其他各种辅料的比例。

③包捏技法要准确，保证成品大小一致、形态美观。

④注意发酵时间。

想一想

秋叶包的包制方法称为什么？有哪些操作步骤？

豆沙包的制作

豆沙包以蓬松柔软、馅心香甜细腻深受人们喜爱，制作好的豆沙包，具有口味纯正、香气扑鼻、表面光滑洁白的特点。

坯料：面粉200克，干酵母3克，绵白糖20克，水150毫升。

馅料：红豆200克，猪油60克，绵白糖250克。

制作方法：

①制作馅心。红豆洗净，放入高压锅中加水煮20~30分钟，倒出用滤网除去红豆皮，再用纱布用力挤干水分；炒锅烧热转小火，放入猪油、绵白糖、豆沙一起搅拌至豆沙黏稠、水分完全挥发，冷却即可。

②成形。将面团搓成长条，摘出15只剂子，撒上少许干粉，擀成中间厚、周围略薄的面皮。一只手托皮，手指向上弯曲，使面皮中间凹陷，另一只手放入馅心。一只手将周边拎起，拢向中间包住，用另一只手的虎口收口，掐掉多余面团，收口朝下，略微整形成馒头形。

③成熟同鲜肉中包。

行家点拨

包制要点

在实践操作中，因面点品种多，所用的原料、成品形态以及成熟方法也不一样，因此，包的成形方法和成形要求均不一样，变化较多，差别也较大。

包制成形要求：馅心居中、规格一致、形态美观、方法正确、动作熟练。

学习与巩固

1. 发酵面团中不加入酵母则需要加入泡打粉，其作用是什么？不添加泡打粉会怎样？

2. 生坯做好后为什么要饧发？

学习感想

____

____

____

任务六　创意花色包的制作

任务情境

花色包是发酵面团中的精品。传统的花色包有兔包、葫芦包、藕包、南瓜包等，这些花色包以白色为主，或者添加蔬菜的自然色彩制作成象形包。随着人们生活水平的提高，大众对面点的制作要求越来越高，涌现了一批创意花色包，如海豚包、胡萝卜包、芋艿包、丝瓜包等。在色彩运用方面，创意花色包更丰富、更绚丽，受到广大人民的欢迎。

任务目标

①学会创意花色包面团的调制。

②掌握几种创意花色包的成形技法。

③培养审美情趣，具有发现美、欣赏美的能力。

任务实施

胡萝卜包的制作

1. 训练原料

坯料：中筋粉250克，干酵母5克，泡打粉2克，绵白糖10克，温水100毫升，蒸熟的胡萝卜，绿色色素。

馅料：豆沙馅。

2. 训练内容

按照配方调制面团，掌握胡萝卜包的成形和发酵。

3. 制作方法

①部分原料、工具如图3-6-1所示。

②调制面团。面粉中加入干酵母、绵白糖、泡打粉、胡萝卜泥、温水，和成面团并揉光滑，搓条，下剂。取一只剂子加一点绿色色素，揉成绿色面团待用（图3-6-2~图3-6-5）。

图3-6-1/胡萝卜包原料与工具

图3-6-2/和面
图3-6-3/成团

图3-6-4/搓条
图3-6-5/摘剂

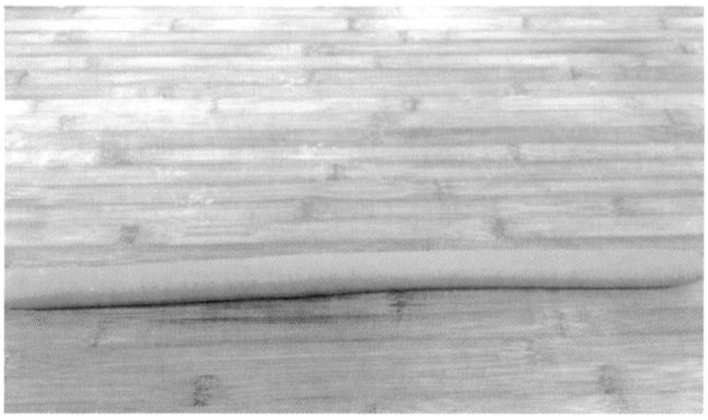

③成形。将豆沙馅包入面团中，用虎口收口，搓圆，然后将一头搓尖，成胡萝卜状，用牙签在表面压出纹路（图3-6-6~图3-6-9）。绿色面团部分擀成薄片，部分切成长条，捏扁，制成梗状，用牙签塞入胡萝卜粗的一头中，整理成形（图3-6-10、图3-6-11）。

图3-6-6/上馅
图3-6-7/搓圆

图3-6-8/搓成胡萝卜状
图3-6-9/压纹路

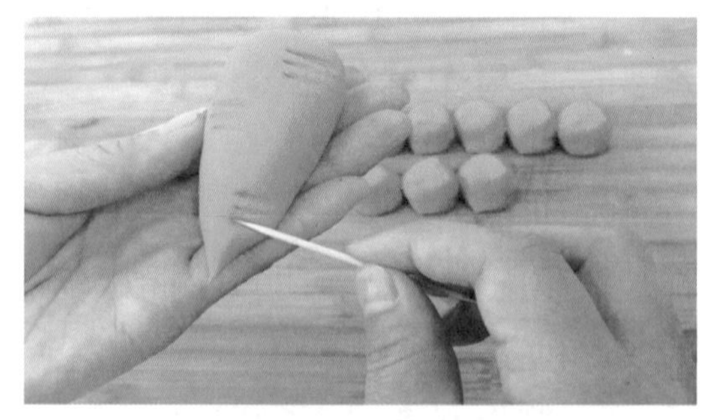

图3-6-10/制梗
图3-6-11/整理成形

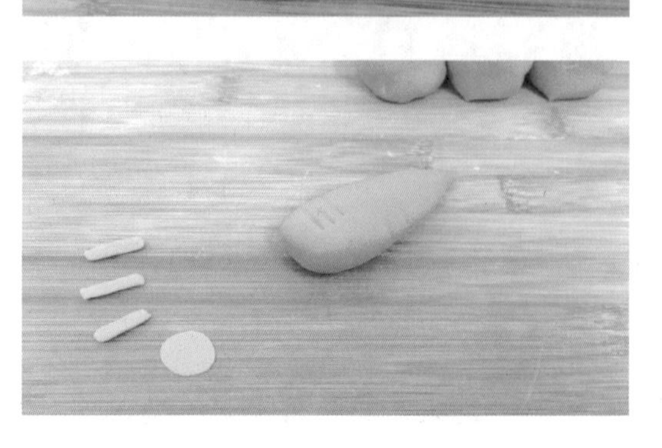

④饧发，成熟。在25℃~28℃的环境中静置半小时，待生坯体积增大、手指按压能恢复时，大火蒸制6分钟，即可取出食用。

4. 操作要求

①胡萝卜要蒸熟、蒸透，以能揉成胡萝卜泥为好。

②馅心包入面团时，要包成无缝包。

芋艿包的制作

1. 训练原料

坯料：同胡萝卜包（蒸熟的胡萝卜替换为酱油）。

馅料：莲蓉馅80克。

2. 训练内容

按照配方调制面团，掌握芋艿包的成形和发酵。

3. 制作方法

①调制发酵面团（图3-6-12）。下剂，每只剂子约重20克，莲蓉馅每只约重8克（图3-6-13）。

图3-6-12/调制面团
图3-6-13/下剂

②取一小块发酵面团搓成若干一头尖一头圆的芋艿籽（图3-6-14）。一只剂子包入一只莲蓉馅（图3-6-15）。

图3-6-14/制作芋艿籽
图3-6-15/上馅

③将剂子捏成芋艿形（图3-6-16）。用蘸上酱油的棉线勒出芋艿的轮廓（图3-6-17）。

图3-6-16/捏成芋艿形
图3-6-17/勒出芋艿轮廓

图3-6-18/涂刷
图3-6-19/整理成形

④用调和少量面粉的酱油涂刷芋艿（图3-6-18），装上芋艿籽，整理成形（图3-6-19）。饧发15分钟，上笼蒸制10分钟，出笼，装盘（图3-6-20）。

图3-6-20/芋艿包成品

丝瓜包的制作

1. 训练原料

坯料：同胡萝卜包（蒸熟的胡萝卜替换为绿色、黄色色素）。

馅料：莲蓉馅80克。

2. 训练内容

按照配方调制面团，掌握丝瓜包的成形和发酵。

3. 制作方法

①调制发酵面团同前，下剂，上馅，捏成丝瓜形，装上发酵面团做成的小花，整理成形（图3-6-21）。用调和少量面粉的色素上色（图3-6-22）。

②将做好的生坯（图3-6-23）饧发15分钟。上笼蒸制10分钟，出笼，装盘（图3-6-24）。

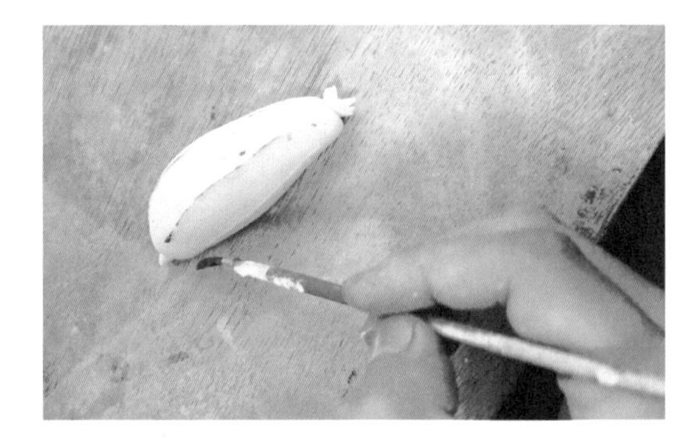

图3-6-21/整理成形
图3-6-22/上色

图3-6-23/丝瓜包生坯
图3-6-24/丝瓜包成品

温馨提示

①胡萝卜泥不要加太多，否则影响面团发酵。
②包制馅心时，馅心要居中，以免露出。

相关链接

捏

捏是指将各种坯料，经过双手的指上技巧，按照设计的品种形态的要求进行造型的方法，是比较复杂、技艺性较强的一项操作技巧，主要用于制作象形品种的面点。

捏制技术多种多样，所制的成品或半成品，不但要求色泽美观，而且要求形象逼真，如各式花色蒸饺、花色包等。

捏也常与包结合运用，有时还需利用各种小工具来配合进行成形。

佳作欣赏

图3-6-25/胡萝卜包
图3-6-26/石榴包

图3-6-27/南瓜包
图3-6-28/茭白包

图3-6-29/海豚包
图3-6-30/小猪包

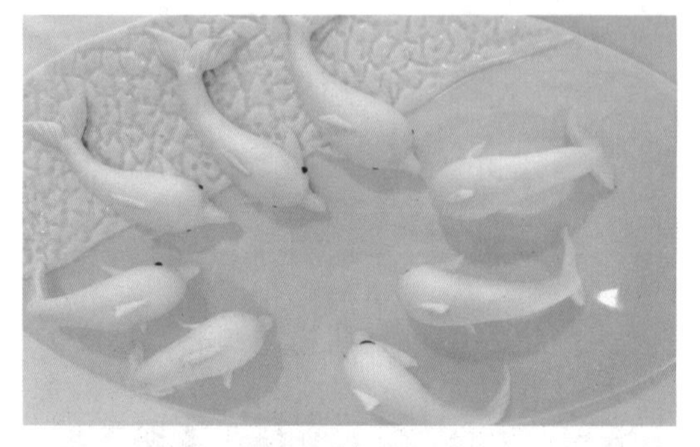

图3-6-31/纽扣包
图3-6-32/寿桃包

图3-6-33/竹笋包

学习与巩固

1. 面团发酵的时候要注意哪些问题？
2. 制作花色包常用的技法有哪几种？

学习感想

____

____

____

项目四　中点油酥

项目描述

油酥面团的制作是中式面点制作中最复杂的。简单来说，油酥面团就是以面粉、油脂、水作为主要原料调和而成的面团，其成品有吃口酥香、色泽洁白或金黄、体积膨大、层次分明、制作难度高的特点。缺点是动物脂肪运用多，含油量较高。

小马是一名烹饪班二年级学生，按照学校要求，在现代学徒制下在酒店实习2个月。小马刚刚学习了油酥面团的各种起酥方法，现在被安排在点心房，可以“实战”练习，非常开心。一天，小马接到客人点单“榴梿酥10只”，顿感束手无策，不知从何下手。

项目分析

小马接到的点单“榴梿酥”是油酥面团中的层酥制品，一般的面点师可以做成暗酥，技术高超的能够做成明酥，口感更加酥脆，深受顾客喜爱。小马刚刚学习了油酥面团的起酥方法，如何灵活运用起酥方法，制作美味的酥点？如何使制作的酥层更加酥脆、清晰？美味的馅心又是如何制作的？小马想学的技术还真不少……

项目目标

①了解水油面皮酥中各种原料的配比。

②熟悉影响起酥的各个因素。

③掌握水油面、干油酥的调制方法。

④熟练掌握起酥的技艺及操作要领。

⑤掌握常见酥点的制作方法。

⑥了解直酥和圆酥的制作工艺。

⑦掌握1~2道创新酥点的制作工艺。

⑧具有勤学乐学、主动获取信息的学习能力。

项目实施

任务一　兰花酥的制作

任务情境

兰花酥外形似兰花，是典型的半明半暗酥的品种，也是中式面点考级品种之一。兰花酥起叠酥的方法和麻花酥几乎一致，无须包馅，二者只是成形时技法有所不同，所以成品形状不同。

任务目标

①了解油酥原料基础知识。
②学会起叠酥的基本方法。
③掌握兰花酥的制作方法。

面点工作室

油酥面团中使用较多的是起酥油（猪油、黄油、人造黄油），低筋粉，水。根据制品的不同要求，酒酥面团中还可以添加鸡蛋、白糖、盐等辅料。调制油酥面团时，夏天宜采用硬度较高的起酥油，冬天宜采用硬度较低的猪油，亦可以根据制作温度不同将软硬度不一样的猪油混合起来使用，以期达到酥层清晰、不含油的出酥效果。

一、起酥油

在油酥面团中，用油脂与面粉调制成团时，油脂黏附在面粉颗粒表面，由于表面张力，其表面有自动收缩的趋势，油膜的收缩力把面粉颗粒吸附住。但是面粉颗粒之间黏结不太紧密，与水油面相比松散许多——这也是表面张力的缘故。面粉颗粒被油膜包围、隔开，使颗粒之间存在空气，即存在液—气界面，液体与气体接触时，其表面积自动缩小，使被油膜隔开的面粉颗粒之间的间隙增大，因此比较松散。

水油面皮酥可由水油面、干油酥制作而成。水油面由水、油脂与面粉混合调制而成，加入了水，面粉中的蛋白质吸水形成了面筋网络，但是，由于水油面中含有大量油脂，又限制了蛋白质的吸水作用，阻碍了面筋网络的形成，油脂越多，蛋白质吸水就越少，形成的面筋质就越少。所以，水油面虽有筋性、韧性，但比水调面团小，同时，水油面中一部分面粉与油脂结合，产生了干油酥的结构，又具有起酥起脆的特性。干油酥遇热后油脂流散，油脂以团状或条状存在于面团中，这些团状或条状的油脂结合着空气，遇热后气体膨胀，并向两相的界面移动，由于面粉颗粒之间松散，空隙中的空气遇热也膨胀，油脂中的微量水分产生水蒸气，也都向油脂流散的界面聚集，这就使制品内部结构破裂成很多孔隙而成片状或椭圆形的多孔结构，结果使制品成熟后形成酥层。

调制干油酥时，需反复地“擦”。“擦”扩大了油脂颗粒和面粉颗粒的接触面，使油脂颗粒与面粉颗粒结合，形成团状或条状结构，这是油脂对面粉颗粒吸附量增大的缘故。用油脂调制面团时没有水分，蛋白质不能形成面筋网络结构，淀粉也不能糊化提高黏性，干油酥成团主要依靠油脂对面粉颗粒的吸附，因此，油脂和面粉的结合比较松散，缺乏韧性、弹性，从而形成了面团的酥性结构。由于酥性结构，面粉颗粒被油脂分子包围、隔开，使颗粒之间的黏性降低、松散，使制品食用时形成酥、松的质感。

水油面皮酥正是利用水油面、干油酥两种面团的特性，利用水油面的酥中有韧性作为皮，利用干油酥的酥性作为心，经多次擀、卷、叠制成油酥面团。因水油面和干油酥层层间隔，加热时，皮层中的水分在烘烤、油炸时气化，使层次中有一定的空隙，另外干油酥中的面粉和部分油脂通过油炸会融在油锅中，使制品结构层次清晰，薄而分明。油膜使面筋质不发生粘连，起分层作用。这就是油酥面团制作酥皮点心起层的原理，既可加工成形，又能加热不散。

油酥面团制品可以在不同温度下成熟，炸制使用的油温不同，成品呈现洁白、浅黄和金黄等多种色泽效果。另外，油脂的脱水作用使成品不同程度脱水，从而使成品具有香、脆、酥、嫩的质感。

行家点拨

炸制要点

根据制品要求选用合适的起酥油，要求色泽洁白的制品必须选用猪油或色拉油。

操作时掌握好油温。要求色泽洁白的制品必须使用中低油温炸制，一般为110℃~115℃，但是油温又不能过低，否则会导致制品含油，吃在嘴里有油腻的感觉。要求色泽金黄的制品，开始炸制时也要注意不能采用高油温，尽量控制在120℃左右下锅，否则会导致制品外焦里不熟，应待制品成熟后再升温复炸使其上色。

不宜长时间高温加热。反复煎炸食物的油，由于长时间高温加热，不但其中的维生素A和维生素E等遭到破坏，营养价值大大降低，而且还会产生强致癌物质苯并芘，对人的健康造成损害，一定要特别注意。

二、面粉

油酥面团多采用低筋粉调制，如广式面点开口笑。低筋粉中面筋质含量低，调制时不易上劲，符合油酥面团的需要。针对水油面皮酥这种酥层要求清晰的制品，可以适当增加水油面的筋性，减少猪油的使用量，酥皮采用中筋粉或者高、低筋粉的混合粉，酥心采用低筋粉。

三、其他辅助原料

（一）鸡蛋

为了改善口感和增加营养，调制油酥面团时可添加鸡蛋，一般在250克面粉中加入1只鸡蛋。层酥制品在调制面团过程中不宜加鸡蛋，仅在油酥叠酥和接口处使用蛋液。大量的实践证明，使用蛋黄黏结效果强于使用蛋清，口感也比较酥脆。

（二）白糖

为了增加油酥的诱人色泽，提升酥脆口感，可以在层酥制品中添加适量的白糖，一般500克面粉的用糖量控制在40克以内，混酥制品根据制品要求添加白糖。

（三）盐

为了增加水油面的筋性，使之在起叠酥过程中延伸性较好，可在调制水油面时适当加些盐，用量一般为100克面粉加1克左右盐。

任务实施

兰花酥的制作

1. 训练原料

低筋粉500克，猪油200克，30℃水150毫升，鸡蛋1个。

2. 训练内容

调制干油酥以及水油面，自行起叠酥，制作兰花酥。

3. 制作方法

①部分原料（已调制干油酥、水油面）和工具如图4–1–1、图4–1–2所示。

图4–1–1 / 兰花酥原料

图4–1–2 / 兰花酥工具

②调制干油酥。干油酥是用油脂与面粉“擦”制而成的。其调制方法与一般面团不同，具体制作方法是：取面粉200克，加入100~140克猪油拌和（图4–1–3），然后用手掌一次次地向前推擦，反复擦透至无粉粒，猪油与面粉充分黏结成团为止（图4–1–4）。

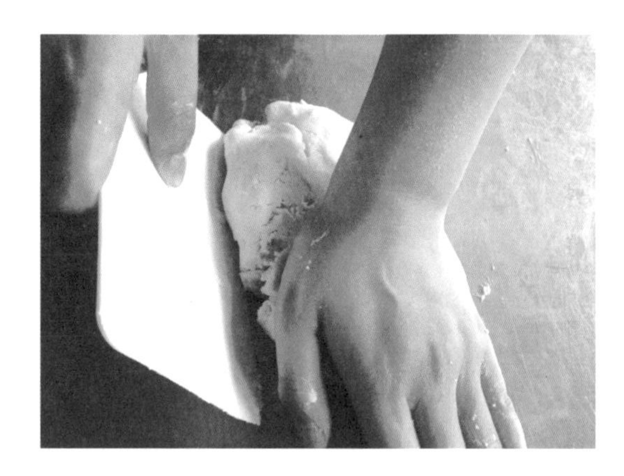

图4–1–3/猪油和面粉
图4–1–4/擦酥

③调制水油面。水油面是用面粉、猪油及水调制而成的，传统的水油面面粉、猪油与水的比例为1：0.2：0.45。现在根据实际情况，具体制作方法是：取250克面粉放在案板上，加入140毫升水和25克猪油（根据天气、加油量、制品制作时间长短确定加水量），如图4–1–5所示，拌和成雪花面，然后揉制成光滑的面团（图4–1–6）。根据筋性不同饧面5~20分钟。

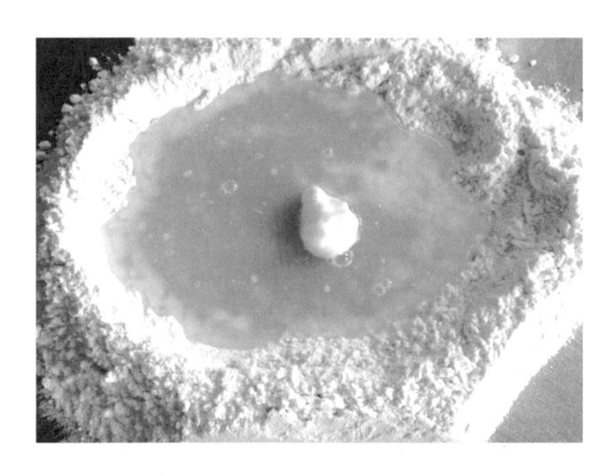

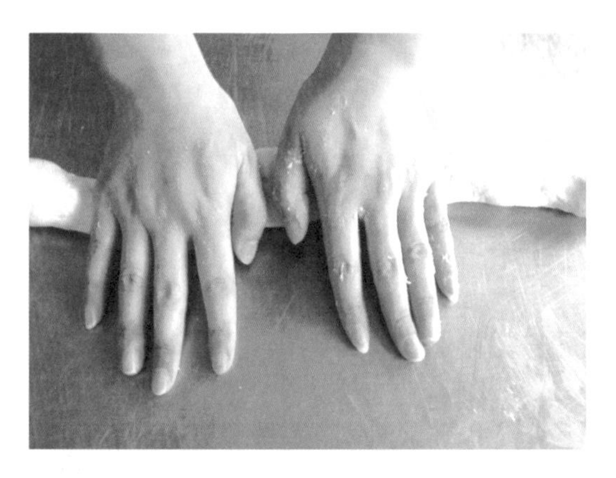

图4–1–5/水、猪油、面粉
图4–1–6/揉水油面

④将干油酥包入水油面中（图4–1–7），四周按实，用刀切去多余边料（图4–1–8）。

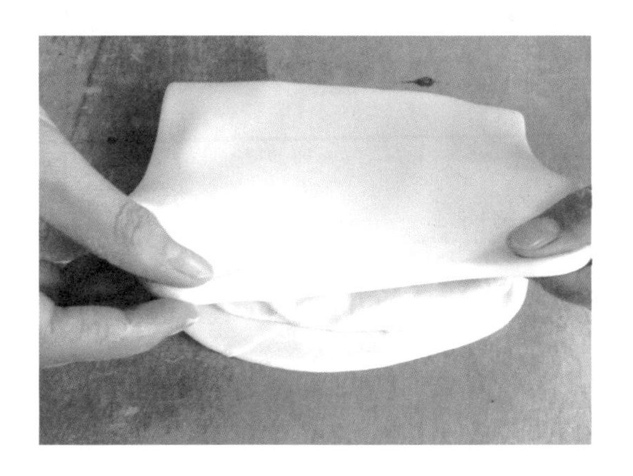

图4–1–7/干油酥包入水油面
图4–1–8/去除多余边料

⑤将包好的油酥面团顺长擀成薄片状（图4–1–9），如图4–1–10所示样式折叠。

图4–1–9/擀酥
图4–1–10/叠酥

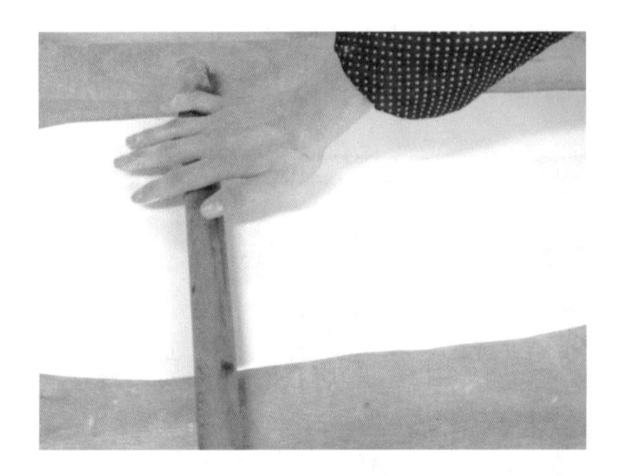

⑥再次擀成长方形，再次如上折叠，擀成厚度约0.5厘米的长方形，用片刀（或者美工刀）下边长约为6厘米的正方形坯皮（图4–1–11）。改刀，如图4–1–12所示。

图4–1–11/兰花酥坯皮
图4–1–12/坯皮改刀

⑦在兰花酥坯皮接口处刷蛋液，连接成兰花酥生坯（图4–1–13）。油锅上火，倒入色拉油，升温至125℃，将生坯放入漏勺下油锅（图4–1–14）。

图4–1–13/兰花酥生坯
图4–1–14/炸制

⑧兰花酥出层次，浮起（图4–1–15）。油锅升温至160℃，至兰花酥色泽淡黄出锅装盘（图4–1–16）。

图4-1-15/炸至出层次
图4-1-16/兰花酥成品

4. 操作要求

①水、油脂、面粉的配比得当。一般情况下，干油酥面粉和猪油比例为2∶1，水油面中猪油含量控制在10%~20%、水50%左右。

②调制水油面的水温应控制在30℃。

③干油酥和水油面的软硬度一致，比例为1∶1。

想一想

要制作酥层清晰的制品，对起叠酥的要求较高，一般采用什么办法起酥?

拓展训练

小麻花的制作

小麻花是一种常见的酥性面点品种，北方有天津大麻花，南方多为小巧精致的小麻花。小麻花的配方很多，比较常见的是：低筋粉150克，鸡蛋1个，小苏打1~2克，色拉油20毫升，红糖25克，水25毫升。

面粉挖一凹坑，将小苏打、鸡蛋、水、色拉油、红糖充分化开，调成面团（图4-1-17）。饧发30分钟，开细长条，每条约10厘米（图4-1-18）。

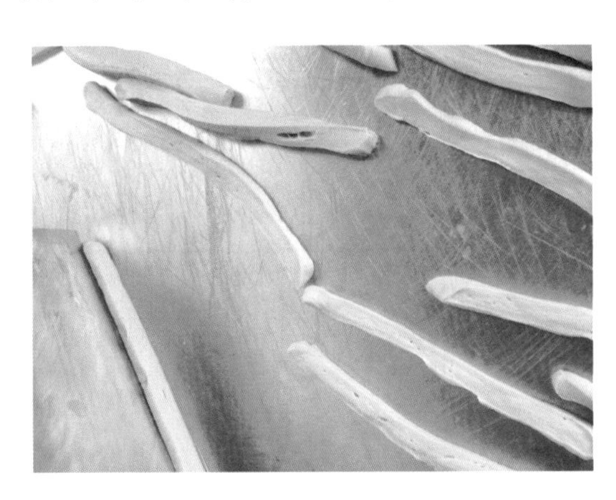

图4-1-17/小麻花面团
图4-1-18/开条

将开好的长条搓细，约40厘米（图4-1-19）。将40厘米的细长条合为双条，搓单股麻花（图4-1-20）。

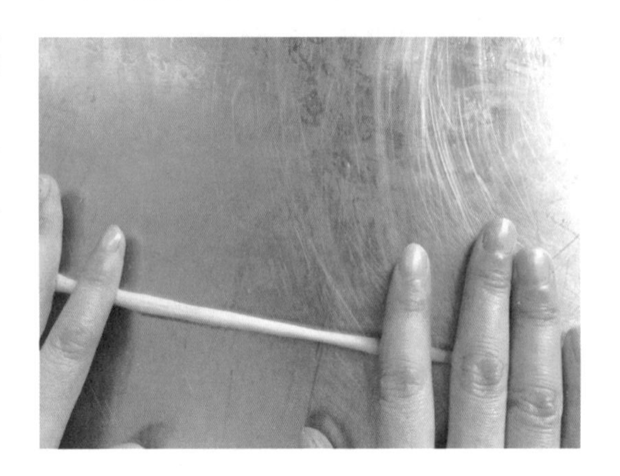

图4-1-19/搓细长条
图4-1-20/搓单股麻花

将单股麻花再合为双条，搓双股麻花（图4-1-21）。去除搓好的小麻花接口，整理成形（图4-1-22）。

图4-1-21/搓双股麻花
图4-1-22/小麻花生坯

油锅上火，倒入色拉油，升温至130℃，将小麻花生坯放入漏勺下油锅，小火慢慢升温，炸至小麻花浮起（图4-1-23）。油锅升温至160℃，至小麻花色泽淡黄出锅装盘（图4-1-24）。

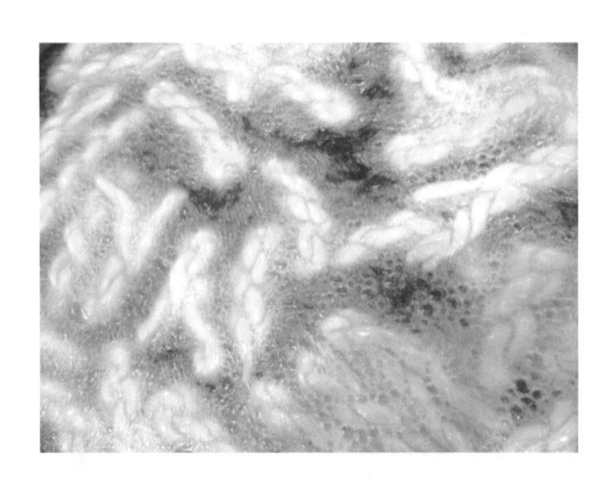

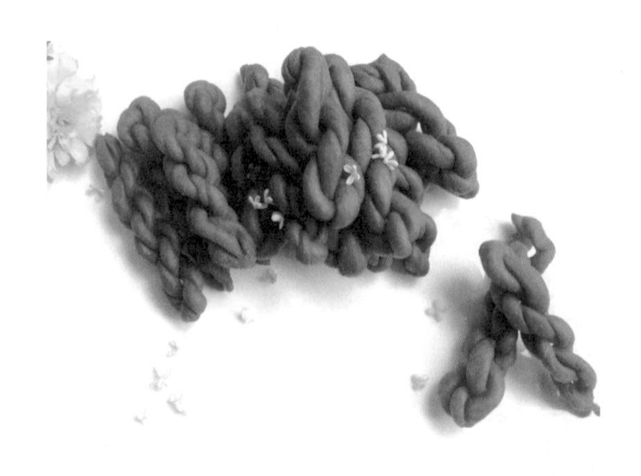

图4-1-23/炸制
图4-1-24/小麻花成品

麻花酥的制作

麻花酥形似麻花，是半明半暗酥的品种之一，也是中式面点考级品种。麻花酥制作要运用起叠酥的方法。起叠酥同兰花酥，用片刀（或者美工刀）下长约8厘米、宽约3厘米的长方形坯皮，顺长改三刀，一长两短，由中间翻转成麻花酥生坯（图4-1-25）。炸制温度同兰花酥，出锅，装盘（图4-1-26）。

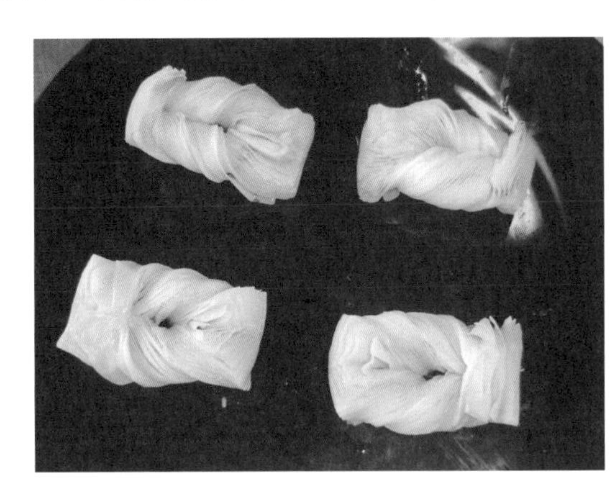

图4-1-25/麻花酥生坯
图4-1-26/麻花酥成品

温馨提示

①控制兰花酥或者麻花酥生坯坯料大小。

②兰花酥生坯粘连时注意纹路朝上，连接点为一个中心。

③起叠酥动作连贯，用力均匀。

④用刀注意安全，下刀果断、准确。

学习与巩固

1. 制作油酥面团的原料有________、________、________等。

2. 制作水油面皮酥要调制________、________。________是用________和________“擦”制而成的。________是用________、________和________三种原料按照________：________：________的比例调制而成的。

学习感想

____

____

____

任务二　梅花酥的制作

任务情境

梅花酥形似梅花，造型美观，形态逼真，口感油润绵甜，也是典型的半明半暗酥的品种。经过改良的梅花酥，起叠酥与兰花酥几乎一致，无须包馅，二者只是成形时刀工处理不同。

任务目标

①了解油酥面团基础知识。
②了解常用油酥制作工具。
③掌握梅花酥的制作方法。

面点工作室

油酥种类很多，大体上分为松酥和层酥。松酥又称为单酥，成品具有酥性，但不分层，如核桃酥、开口笑等。层酥是油酥的重点，其中水油面皮酥在餐饮行业中应用非常广泛。水油面皮酥制品制作复杂、过程精细、制作难度较大，根据成品特点分为暗酥、半明半暗酥、明酥三类，根据起酥方法不同又分为圆酥、直酥、排丝酥等。

一、油酥面团基础知识

油酥面团一般由两部分组成，即水油面和干油酥。水油面是用适量的水、油脂、面粉拌和调制而成的。水油面具有水调面团和油酥面团两种面团的特性，既有水调面团的筋性和延伸性，又有油酥面团的酥松性、润滑性。干油酥由低筋粉和油脂擦制而成。水油面和干油酥如图4-2-1所示。

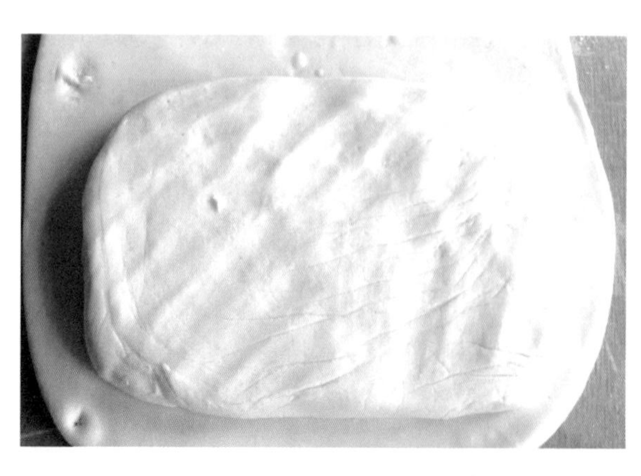

图4-2-1／水油面和干油酥

水油面皮酥的调制由面团调制和包酥两个步骤构成。面团调制包括干油酥和水油面的调制。具体调制方法和配方见前面兰花酥的制作。包酥又称开酥、起酥，即以水油面为皮、干油酥为心，将干油酥包在水油面内，一般分为大包酥和小包酥两种。大包酥是将干油酥包入水油面内，封口，按扁，擀成长方形薄片（有些品种需卷成适当粗细的剂条），再根据制品的定量标准下剂。小包酥制法与大包酥基本相同，不同的是面团较小，一般一次只制一只或几只剂子。如果制作酥层清晰的制品，一般采用叠酥法，然后包酥，再根据制品要求包制不同的造型，如葫芦、南瓜、荷花、苹果等。

二、常用油酥制作工具

擀面杖或者走锤。买来的新工具最好刷上色拉油，晾一天一夜，使工具充分吸油，这样在起酥时面团不会粘连在擀面杖上。

片刀。要求薄而锋利。

各式刷子。粗刷子用来刷大面积的酥层，如叠酥过程中的面团连接处。细刷子用来刷制品接口处。

温度计和炸制油酥的工具。温度计需要耐高温的，以标有300℃的为宜。炸制油酥的工具为平面型漏勺。以上工具如图4–2–2所示。

各种自制模具，如花瓶酥模具、花篮酥模具、小鸟酥模具、金鱼酥模具等，如图4–2–3所示。

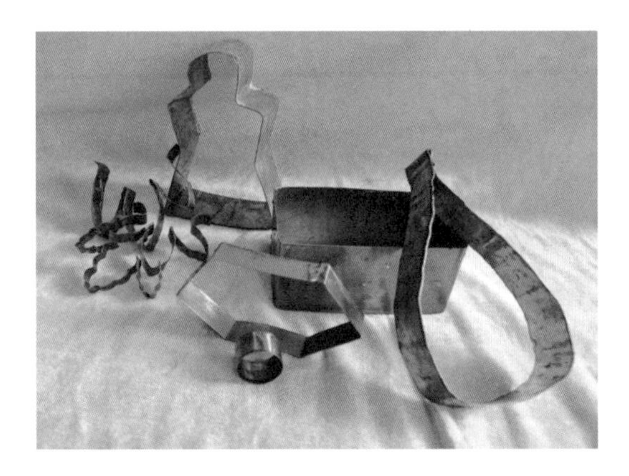

图4–2–2/常用油酥制作工具

图4–2–3/各种自制模具

行家点拨

包酥要点

水油面和干油酥的比例必须恰当。在实际操作中，一般水油面和干油酥的比例为7∶3、3∶2、1∶1三种，具体应根据品种要求和成熟方法确定。根据不同品种选择不同比例，如制作明酥，应选择1∶1，制作佛手酥、菊花酥，选择3∶2或者7∶3比较合适。

油酥成品以炸、烤为主，炸制油酥水油面适当多些，烤制油酥水油面可少些。

水油面和干油酥的软硬度要一致，包制时四周要厚薄均匀，擀制用力适度，卷酥要卷紧。切好的坯皮应用湿布盖好，防止水分散发造成起壳结皮影响成形。

任务实施

梅花酥的制作

1. 训练原料

低筋粉500克，猪油200克，30℃水100毫升，鸡蛋1个。

2. 训练内容

按照配方调制水油面以及干油酥，自行起叠酥，制作梅花酥。

3. 制作方法

①原料和工具如前述兰花酥制作原料和工具。

②调制水油面和干油酥。大包酥，将包好的油酥面团擀成薄片状的方法如前述兰花酥的制作。

③二次擀成长方形，二次折叠四层，擀成厚约0.5厘米的长方形，用片刀（或者美工刀）沿着圆形模具下直径为6~7厘米的圆形坯皮（图4–2–4），改五刀（图4–2–5）。

图4–2–4/下圆形坯皮
图4–2–5/圆形坯皮改刀

④梅花酥坯皮中心处刷蛋液，连接成梅花酥生坯，用牙签固定（图4–2–6）。油锅上火，倒入色拉油，升温至135℃，将生坯放入漏勺，下油锅炸制（图4–2–7）。

图4–2–6/梅花酥生坯
图4–2–7/炸制

⑤梅花酥出层次，浮起。油锅升温至160℃，待梅花酥色泽淡黄出锅，去除牙签，装盘（图4-2-8、图4-2-9）。

图4-2-8/梅花酥成品1

图4-2-9/梅花酥成品2

4. 操作要求

①起叠酥轻重有节，动作干净利落。

②干油酥和水油面比例恰当。

③控制好下锅炸制温度和火候。

想一想

1. 用烤箱烤制酥点，调制面团时需要注意什么？

2. 如何快速起叠酥？如何防止坯皮粘连案板？

拓展训练

菊花酥的制作

菊花酥形似菊花，是半明半暗酥的品种之一，也是中式面点常见油酥品种之一。菊花酥运用起叠酥的方法，花瓣等分均匀。

部分原料、工具如图4-2-10和图4-2-11所示。

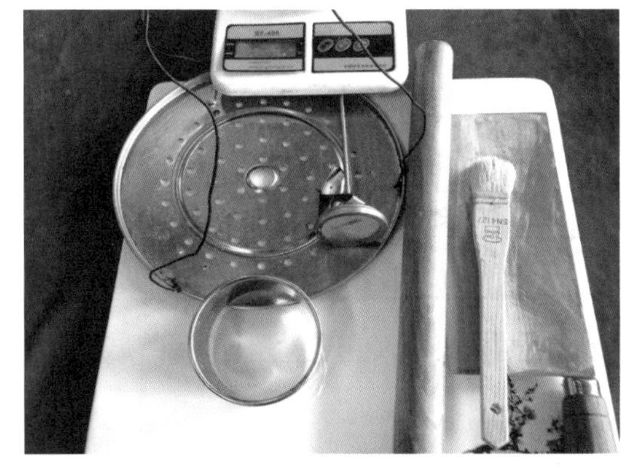

图4-2-10/菊花酥原料

图4-2-11/菊花酥工具

起叠酥同兰花酥。用直径8厘米的圆形模具下圆形坯皮，刷上蛋液（图4-2-12）。包入豆沙馅（图4-2-13）。

图4-2-12／下圆形坯皮、刷蛋液
图4-2-13／上馅

擀成薄饼状。用刀切12等份（图4-2-14）。刷蛋黄液，整齐均匀地放入刷油的烤盘，面火200℃、底火180℃，烤制15分钟左右。装盘，成品如图4-2-15所示。

图4-2-14／菊花酥生坯
图4-2-15／菊花酥成品

温馨提示

①水油面和干油酥比例恰当，一般为1∶1或3∶2。

②制作各种作品时，下刀须准确。

③控制炸制或者烤制温度，及时刷蛋液。

学习与巩固

1．水油面具有水调面团和油酥面团两种面团的特性，既有水调面团的________和________，又有油酥面团的________和________。

2．兰花酥下锅炸制适宜温度________。菊花酥生坯制作完成，整齐均匀地放入烤盘，面火________℃、底火________℃，烤制15分钟左右。

学习感想

任务三　荷花酥的制作

任务情境

荷花亭亭玉立，出淤泥而不染，历来是诗人吟诗作赋的好题材。荷花酥是传统的酥点作品，形似荷花，造型美观，形态逼真，口感外酥里脆，是典型的半明半暗酥的品种。荷花酥需要上豆沙馅，采用片刀（或美工刀）均匀分割花瓣，对刀工技术要求较高。

任务目标

①了解油酥馅心基础知识。

②了解常用甜馅的制作方法。

③掌握荷花酥的制作方法。

面点工作室

荷花酥需要上馅，一般用豆沙馅，豆沙馅属于甜馅。油酥的馅心分为甜馅和咸馅，甜馅如豆沙馅、莲蓉馅、芝麻馅、芸豆馅、各种水果馅等，咸馅如萝卜丝馅、霉干菜馅、流沙馅、素菜馅等。

油酥甜馅包括泥茸馅（以植物的果实或种子为原料，加工成泥，再用糖、油脂炒制而成）和水果馅。泥茸馅通常有豆沙馅、枣泥馅、芸豆馅、奶黄馅、莲蓉馅等。水果馅通常有榴梿馅、苹果馅、杧果馅、草莓馅等。

一、泥茸馅

（一）豆沙馅

豆沙馅以红豆、白糖和色拉油为主料。具体制法是：红豆洗净倒入锅内，加水（每500克红豆加水1 250~1 500毫升、碱10克）煮烂，取出冷却，用细筛去皮、杂质等，将去皮后的粉浆控干水分，倒入锅内，加色拉油、白糖同炒，每500克红豆加白糖500~600克、色拉油150~200毫升、桂花酱或玫瑰酱25克，炒至豆沙中水分基本蒸发，成稠浓状不黏手为止。其质量标准是：黑褐色，光亮，细而不腻，香甜爽口。

（二）枣泥馅

枣泥馅一般投料标准是：红枣（或黑枣）500克，白糖250克，油100毫升（一般用花生油，如用香油或猪油，则成品质量更好）。具体制法是：将枣用冷水洗浸1~2小时（天冷时用温水），搓去外皮，上笼蒸烂（或煮烂），晾凉，用铜丝细筛搓去枣核（搓时须戴手套），擦成浑泥；再将油入锅烧热，倒入白糖熬至融化，然后放入枣泥同炒，炒1小时左右，至锅内无声、枣泥上劲不黏、香味四溢时盛起，放在瓷盆内冷却即成。

（三）芸豆馅

此馅色白，常用作竞赛品种的馅料。具体制法是：芸豆泡水涨发，去豆皮；放适量水用高压锅煮烂；擦沙，或者用高速搅拌机搅碎；油锅上火，放入适量色拉油或者黄油，下入芸豆沙、白糖，小火熬制，待水分蒸发完毕，盛出晾凉待用。

（四）奶黄馅

原料：鸡蛋2个（约100克），白糖200克，黄油50克，面粉50克，牛奶100毫升。鸡蛋中加入白糖后，搅打至糖化后加入牛奶。加入牛奶搅打均匀后要将牛奶蛋液过筛，滤去其中的杂质。在牛奶蛋液中加入面粉，放入融化好的黄油搅拌（黄油不用非得搅打至无颗粒）。将搅拌好的牛奶黄油蛋液放入蒸锅中，在蒸制过程中要每隔5分钟拿出来搅拌一次，一共搅拌3次，蒸15分钟即可。这样蒸出的奶黄馅成熟更加均匀。蒸好的奶黄馅晾凉后用手搓匀（这样奶黄馅口感更加细腻），整理成形待用。

（五）莲蓉馅

莲蓉馅以白糖、莲子为主料，配以猪油、桂花酱（或青梅酱）等制成，投料标准，一般是每500克莲子配白糖250~500克、猪油100~200克。

二、水果馅

（一）榴梿馅

榴梿去掉外皮和核，果肉碾压成泥，加入盐和白糖，搅拌均匀无颗粒后放置几小时即成榴梿馅。也可以将榴梿果肉泥、鸡蛋、面粉、椰汁按照一定配比，上笼蒸制，冷却后下冰箱冷冻而成。

（二）苹果馅

苹果切小丁，白糖腌制片刻，去水分。黄油上锅炒制苹果丁，勾牛奶芡即可。

（三）杧果馅

杧果去皮，取出果肉，碾压成泥，加入奶粉、粟粉搅拌均匀，入冰箱冷藏待用。

行家点拨

莲蓉馅制作要点

发莲子。有两种方法：一种是将莲子放入锅内，加入沸水（没过莲子）和少许碱，用刷子快刷，水一见红，马上倒出，再换新水，继续搓刷，反复3~4次，直至莲子刷出白肉为止。另一种是把锅架在火上，下温水和莲子（水位没过莲子约6厘米），加碱，用刷子搓刷，约10分钟，即可褪尽红皮。加工过程可适量加些冷水。

去苦芯。莲芯味苦，影响口味。一般是用小刀把莲子两端削去一点儿，再用牙签捅出苦芯。在去苦芯时，莲子要放在温水中，而不能放在冷水中，否则，蒸时不易烂。

蒸烂。将取出苦芯的莲肉上屉干蒸，至熟烂为止。晾凉后，或搓擦成泥，或绞烂成泥，这种莲泥，俗称莲蓉。

炒蓉。炒锅烧热放猪油，猪油热后先下入少许白糖，糖稍融化（要保持白色，不能炒黄）即倒莲蓉，不断用铲推动翻炒，然后继续加糖，炒至浓稠但不粘锅和铲时出锅，晾凉，拌入桂花酱等。

任务实施

荷花酥的制作

1. 训练原料

低筋粉500克，猪油200克，30℃水100毫升，豆沙馅200克，鸡蛋1个。

2. 训练内容

按照配方调制干油酥以及水油面，自行起叠酥，制作荷花酥。

3. 制作方法

①原料、工具同前述梅花酥制作原料和工具。

②将干油酥包入水油面中（图4-3-1），顺长擀成长方形（图4-3-2），两头切方正。

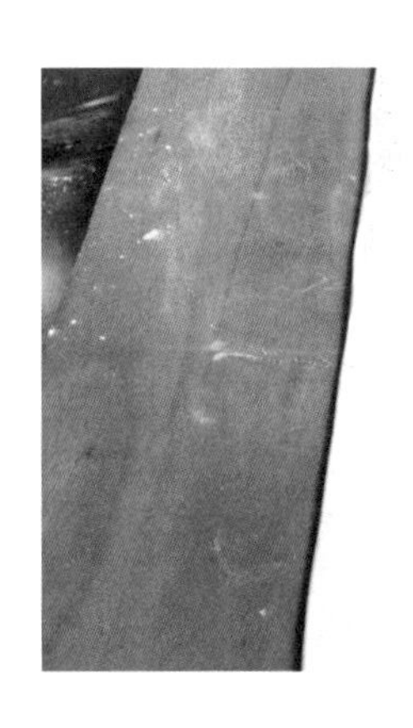

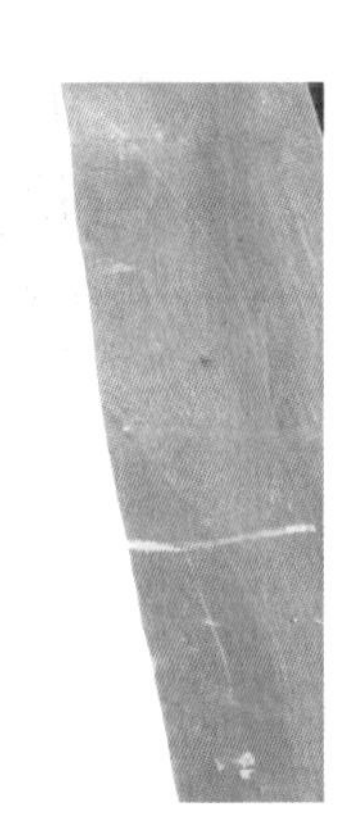

图4-3-1/干油酥包入水油面
图4-3-2/擀酥

③折叠成三层（图4–3–3），擀成长方形，再折叠成三层，擀成长方形，中间切开，两片叠起（图4–3–4）。

图4–3–3/叠酥
图4–3–4/第三次叠酥

④擀成厚约0.5厘米的薄片，用直径8厘米的圆形模具下圆形坯皮（图4–3–5），刷蛋液（图4–3–6）。每只豆沙馅12克，搓成球形待用。

图4–3–5/下圆形坯皮
图4–3–6/坯皮刷蛋液

⑤包入豆沙馅，收口朝下（图4–3–7）。将生坯六等分（图4–3–8）。

图4–3–7/上馅
图4–3–8/开荷花酥花瓣

⑥油锅上火，倒入色拉油，升温至125℃，生坯底部刷蛋液，下锅静养至出酥层（图4–3–9）。油温升至150℃，荷花酥色泽淡黄时出锅装盘（图4–3–10）。

图4-3-9/炸制
图4-3-10/荷花酥成品

4. 操作要求

①干油酥和水油面软硬度一致。

②起叠酥动作连贯迅速。

③炸制温度125℃下锅，150℃出锅。

想一想

荷花酥起叠酥时叠四再叠四，层次是多少？叠三两次，再叠二，层次是多少？叠三三次，层次是多少？荷花酥起叠酥几次才能制作出最佳效果？

拓展训练

百合酥的制作

百合酥和荷花酥非常相似，也是半明半暗酥的品种之一，上面也是开放式花瓣，层次出在花瓣上。百合酥起叠酥、上馅过程同荷花酥完全一致，只在最后花瓣的刀工处理上有所不同，荷花酥花瓣为6瓣，百合酥花瓣为4瓣。

起叠酥过程与荷花酥相同。坯皮包入豆沙馅，收口朝下（图4-3-11）。将生坯四等分（图4-3-12）。

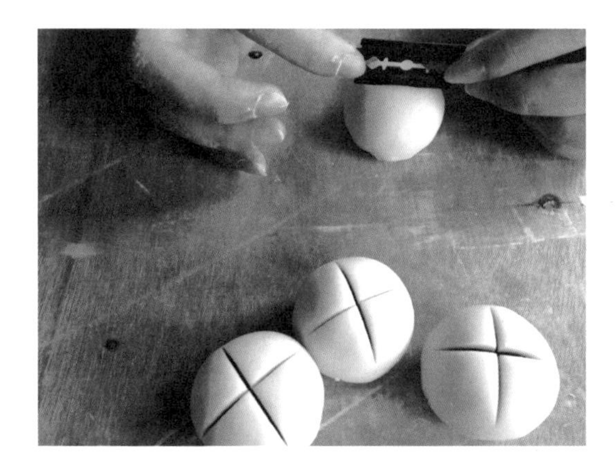

图4-3-11/上馅
图4-3-12/百合酥生坯

油锅上火，倒入色拉油，升温至125℃，百合酥生坯底部刷蛋液，下锅静养至出酥层（图4–3–13）。油温升至150℃，百合酥色泽淡黄时出锅装盘（图4–3–14）。

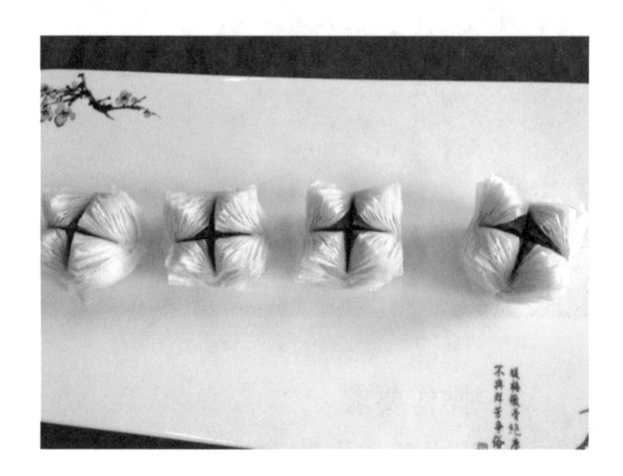

图4–3–13/炸制百合酥
图4–3–14/百合酥成品

温馨提示

①控制荷花酥或百合酥生坯坯料直径为6~8厘米，成形后重量为35克左右。

②荷花酥上馅包制动作要轻柔，均匀蘸上蛋液，防止漏馅。

③起叠酥动作连贯，用力均匀。

④用刀注意安全，下刀果断、准确。

学习与巩固

1. 油酥的馅心一般分为两种，即____________和____________。

2. 泥茸馅通常有_______________、_______________、_______________和________________等。其中豆沙馅是用_______________、_______________和________________三种原料作为主料按照一定比例调制而成的。其质量标准是_____________、_____________、_____________和_____________。

3. 水果馅有_____________、_____________、杧果馅等。

4. 炸制荷花酥时下锅温度为__________，出锅最佳温度为____________。

学习感想

____

____

____

任务四　眉毛酥的制作

任务情境

眉毛酥是上海著名的特色酥点，眉毛酥形似秀眉，层次分明，酥松香甜，边口处推捏出绳状花边，经油炸或烘烤而成。眉毛酥是圆酥的代表品种之一，也是面点制作的基本品种之一。

任务目标

①了解常用咸馅的制作方法。

②掌握眉毛酥的制作方法。

面点工作室

眉毛酥一般上豆沙馅或者莲蓉馅，也可以上咸馅。比较常见而又经典的咸馅有萝卜丝馅、霉干菜馅、流沙馅、素菜馅等。

一、萝卜丝馅

萝卜丝馅用于萝卜丝酥饼。萝卜丝馅的制作方法如下：白萝卜洗净去皮，刨细丝，用白糖腌渍去除水分和辣味，挤干水分待用；熟火腿切末与萝卜丝拌匀，调咸鲜味即可。也可用鲜肉末代替熟火腿末，上锅煸香，调味，与萝卜丝拌匀，调制咸甜味，勾芡，出锅冷却后下冰箱冷藏。

二、霉干菜馅

主要原料有霉干菜和猪肉（可以是鲜肉或者腊肉，腊肉更香些），剁碎以后，用葱花、盐、味精拌匀，或者上锅卤制入味。苏式面点将此馅调成甜馅，其他地方大多调制成咸馅。

三、流沙馅

主要原料有蒸熟的咸鸭蛋黄、黄油、鲜奶油、湿淀粉。咸鸭蛋黄高速搅拌成细沙，黄油煸炒，放入鲜奶油，勾芡，冷却后待用。

四、素菜馅

主料可以是菠菜、马兰、荠菜等，以荠菜最佳；调料根据口味而定，配料有火腿、冬笋（或玉兰片）、猪板油等。

具体制法：将菜焯水后（适当加碱水），迅速用冷水浸凉，挤去水分，剁碎；猪板油切丁，火腿、冬笋（或玉兰片）切小片；上述原料共同放在容器中拌和均匀，拌入盐、味精、麻油等调味而成。

五、素什锦馅

主要原料有青菜、黄花菜、笋尖、冬菇，调味品有酱油、盐、味精、白糖、姜末、葱花、香油等。

具体制法：青菜洗净，除去老叶和根，焯水后捞起，再放入冷水中浸凉捞出，剁成细末，挤干水分（不宜挤得太干），放在容器里；黄花菜、冬菇等用温水浸泡，笋尖用开水煮软，挤干水分，剁碎；花生油（或豆油）炝锅，黄花菜末、笋尖末、冬菇末下锅煸炒，加入酱油、白糖、盐等调味品拌炒几遍出锅，冷却后与青菜一起拌和，放少许白糖和味精即可（还可加些干配料，如细粉条、豆腐干碎粒等）。

行家点拨

眉毛酥制作要点

控制眉毛酥生坯坯料直径为6~8厘米，馅心15克，成形后重量35克左右。

卷酥后外侧贴一层水油面，可使锁边均匀美观。

圆片切好后，刷蛋液，贴一层薄的水油面，防止脱酥，控制纹路均匀。

擀酥时不要过薄，以免影响酥层。

任务实施

眉毛酥的制作

1. 训练原料

低筋粉500克，猪油200克，30℃水100毫升，豆沙馅200克，鸡蛋1个。

2. 训练内容

按照配方调制干油酥以及水油面，自行起叠酥，制作眉毛酥。

3. 制作方法

①原料、工具同前述梅花酥制作原料和工具。

②将干油酥包入水油面中，顺长擀成长方形，折叠成四层，再次擀成长方形薄片，厚约0.3厘米（图4–4–1）。斜切一刀，刷蛋液，卷成直径约5厘米的圆筒（图4–4–2）。

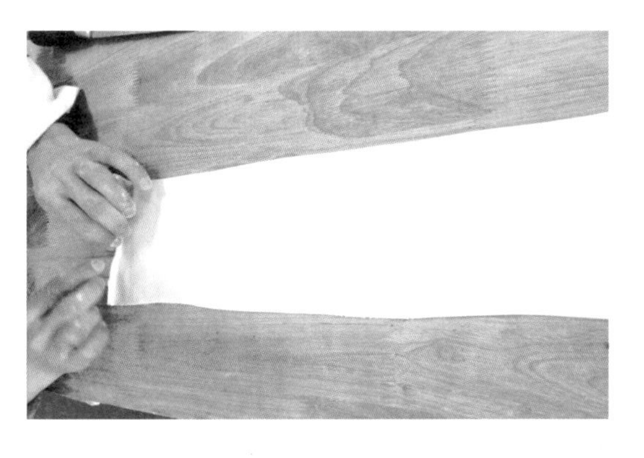

图4-4-1/擀酥
图4-4-2/卷酥

③将圆筒切成厚约0.5厘米的圆片（图4-4-3）。刷上蛋液，贴上一层水油面（图4-4-4）。

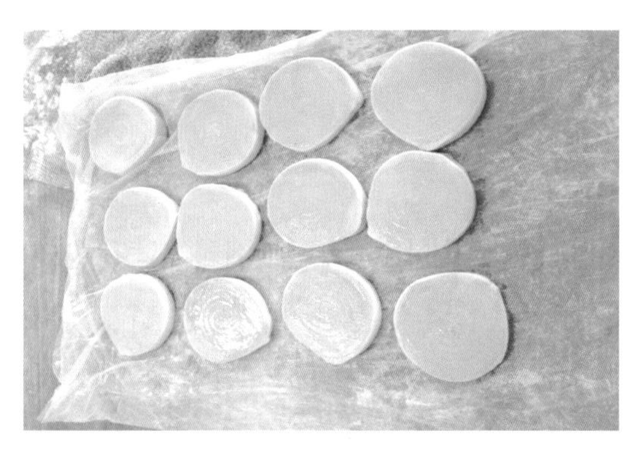

图4-4-3/切圆酥生坯
图4-4-4/刷上蛋液

④ 擀酥，成眉毛酥坯皮（图4-4-5）。上豆沙馅，包成眉毛酥形状，推捏出绳状花边（图4-4-6），在花边处刷蛋液。

图4-4-5/擀酥
图4-4-6/眉毛酥生坯

⑤ 油锅上火，倒入色拉油，升温至110℃，将眉毛酥下锅，用中小火静养至出酥层（图4-4-7）。升温至150℃，待眉毛酥成淡黄色，出锅装盘（图4-4-8）。

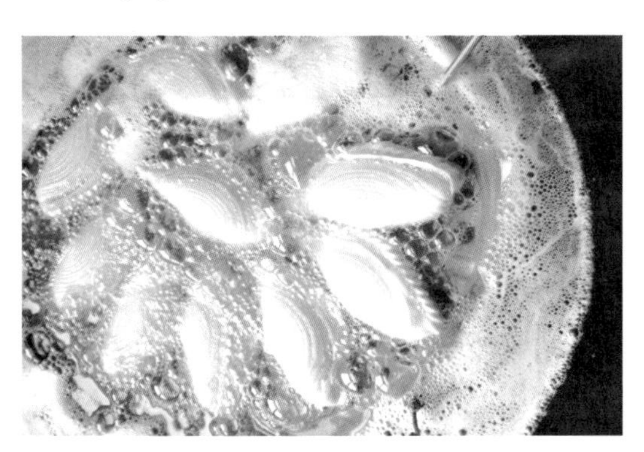

图4-4-7/炸制
图4-4-8/眉毛酥成品

4. 操作要求

①调制面团时加水、加油量要根据天气变化酌情增减。

②擀酥时不要过薄，以免影响酥层。

③控制下锅炸制温度。一般110℃下锅静养，150℃出锅。

想一想

制作眉毛酥常常遇到脱酥、纹路不清、含油等问题。如何解决？起叠酥时叠几次为好？如何在卷酥时卷紧实？接口处贴一层水油面有何作用？

拓展训练

苹果酥的制作

起叠酥同眉毛酥。用片刀切厚约0.5厘米的圆片，用擀面杖擀开，刷蛋液，贴糯米纸（图4-4-9），上豆沙馅（图4-4-10）。

图4-4-9/贴糯米纸
图4 4 10/上馅

用水油面制作叶柄，组装在苹果酥上（图4-4-11），接口刷蛋液，成苹果酥生坯（图4-4-12）。

图4-4-11/苹果酥叶柄组装
图4-4-12/苹果酥生坯

下110℃油锅静养至出酥层（图4-4-13）。油温升至150℃，出锅装盘（图4-4-14）。

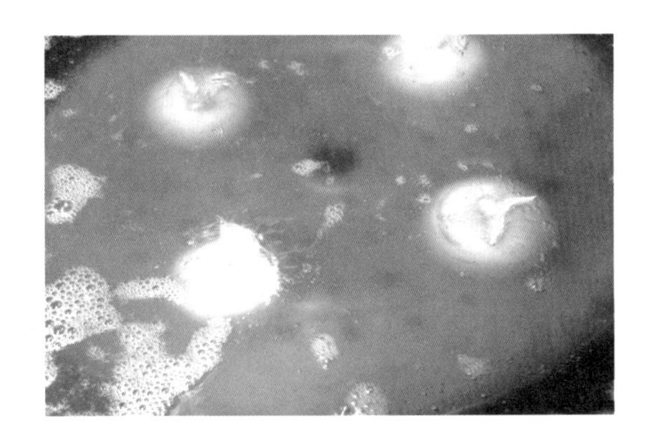

图4-4-13/静养出酥层
图4-4-14/苹果酥成品

相关链接

苹果酥

苹果酥是20世纪90年代流行的酥点，因酥层清晰，形似苹果，常常作为宴席、美食节、各类比赛点心。经过多次改进，现在的苹果酥可以直酥包馅，叶子采用直酥，叶柄采用小卷酥。苹果酥具有较高的观赏性，体现了高超的设计技巧。

学习与巩固

1. 咸馅有____________、____________、____________、霉干菜馅等。

2. 霉干菜馅的主要原料有__________、__________。

3. 流沙馅的主要原料有蒸熟的咸鸭蛋黄、____________、____________、____________。咸鸭蛋黄高速搅拌成细沙，黄油煸炒，放入鲜奶油，勾芡，冷却后待用。

4. 炸制眉毛酥时下锅温度为__________，出锅最佳温度为__________。

学习感想

____

____

____

任务五　酥合的制作

任务情境

酥合又称为盒子酥，是苏式传统酥点，常作为宴席点心。在酥合基础上还有鸳鸯酥合，因制作复杂，目前应用极少。酥合是圆酥的代表品种之一，也是面点制作的基本品种之一。酥合可以采用素菜馅或者水果馅，也可以使用豆沙馅或者莲蓉馅。

任务目标

①了解圆酥的定义和特点。
②掌握酥合的制作方法。

面点工作室

一、圆酥的定义及特点

（一）圆酥的定义

圆酥是将卷成圆筒的坯料用刀直切成一段一段的，将刀切面朝上，用手掌自上而下按扁，用擀面杖擀成所需坯皮进行包捏，使得圆形酥层朝外，炸制或烤制的制品，如酥合、眉毛酥等。

（二）圆酥的特点

酥层清晰，由中间向四周呈同心圆状，酥层或统一向里（酥合）或统一向外（草帽酥），制作方便快捷，一次起酥，可以制作多只制品。包制不当时易脱酥或皮与馅分离。

二、油酥的炸制方法

一般采用60℃~70℃温油下锅，静养至模糊，升至120℃油温，翻小泡出层次，再升温翻大泡，层次清晰后，升温至150℃出锅。也可以在油酥接近成熟时捞出下烤箱烤制，烤箱面火160℃、底火150℃。

行家点拨

为了改善成品的口感、丰富营养，可以在水油面中加入鸡蛋，一般250克面粉加1个鸡蛋。传统的层酥制品在调制面团过程中一般不加鸡蛋，仅在油酥叠酥和接口处使用蛋清。大量的实践表明，使用蛋黄黏接效果优于使用蛋清，口感也比较酥脆。

任务实施

酥合的制作

1. 训练原料

低筋粉500克，猪油200克，30℃水100毫升，豆沙馅200克，鸡蛋1个。

2. 训练内容

按照配方调制干油酥以及水油面，自行起叠酥，制作酥合。

3. 制作方法

①原料、工具同前述梅花酥制作原料和工具。

②将干油酥包入水油面中，顺长擀成长方形，叠四，再次擀成长方形薄片（图4–5–1），厚约0.3厘米，斜切一刀，刷蛋液，卷成直径约5厘米的圆筒（图4–5–2）。接口处贴上一层水油面，防止接口开裂。

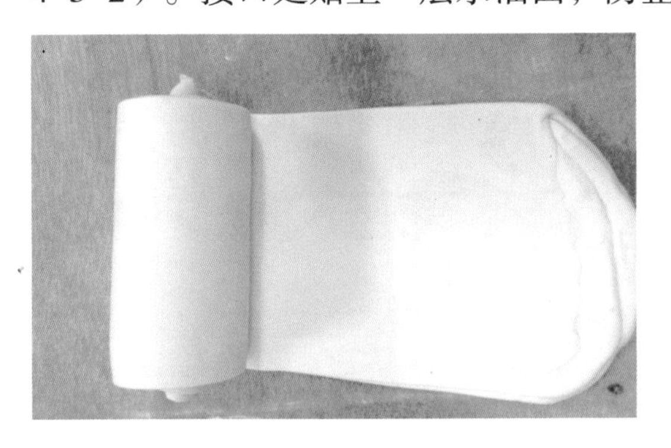

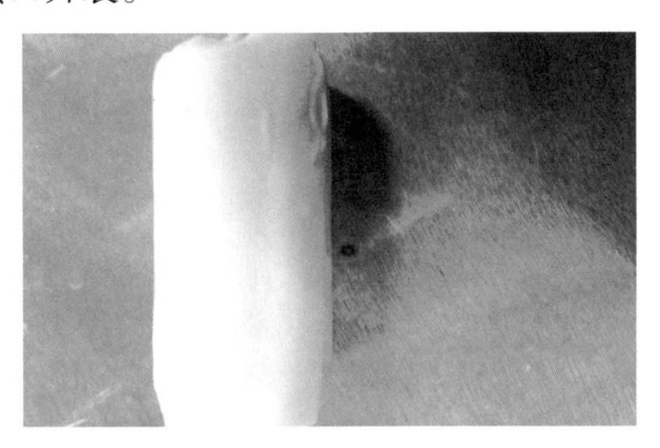

图4–5–1/擀酥
图4–5–2/卷酥

③用片刀切厚约0.5厘米的圆片（图4–5–3），用擀面杖擀开（图4–5–4）。

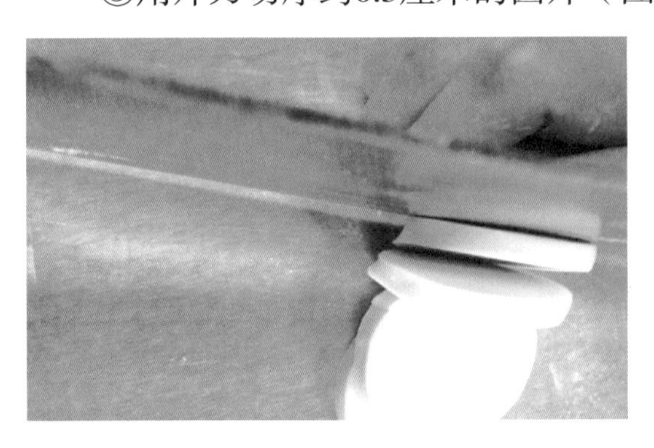

图4–5–3/切圆酥生坯
图4–5–4/擀酥

④刷蛋液，贴上糯米纸（图4–5–5），上豆沙馅（图4–5–6）。

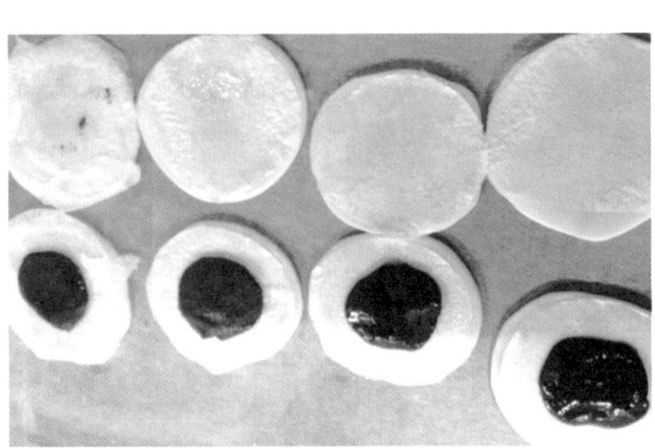

图4–5–5/贴糯米纸
图4–5–6/上馅

⑤两片合拢成一个（图4–5–7），推捏绳状花边（图4–5–8）。

图4–5–7/两片合拢
图4–5–8/推捏绳状花边

⑥下60℃~70℃油锅静养（图4-5-9），模糊后升温至120℃，翻小泡出层次，再升温翻大泡，层次清晰后，升温至150℃，出锅（图4-5-10）。

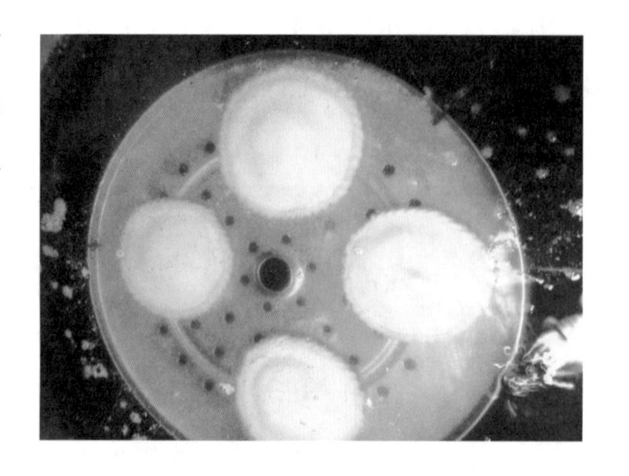

图4-5-9/静养
图4-5-10/酥合成品

4. 操作要求

①根据天气变化酌情增减猪油用量。

②干油酥要擦匀、擦透。

③每次叠酥，擀酥时都要注意厚薄。

想一想

1. 圆酥还可以制作哪些象形作品?
2. 如何快速制作酥合?

拓展训练

草帽酥的制作

起叠酥，将圆筒切成厚约0.5厘米的圆片，刷蛋液，贴一层水油面，擀酥成坯皮。

上馅，贴一层水油面（图4-5-11）。

图4-5-11/上馅

上馅后，用手将顶端部分旋成草帽形状，用卡片在四周按压出12道均匀纹路成生坯（图4-5-12）。油锅上火，倒入色拉油，升温至60℃~70℃，将草帽酥生坯下锅，用中小火静养，升温至150℃，待草帽酥成淡黄色出锅，用山楂细条装点整理成形，装盘（图4-5-13）。

图4-5-12/草帽酥生坯
图4-5-13/草帽酥成品

相关链接

草帽酥

最初的草帽酥出现在全国烹饪大赛上，类似吴山酥油饼，中心部分高高突起，四周平缓，远看像一顶草帽。任务五中的草帽酥在前人基础上，做了重要改进，将四周纹路按压成等份均匀的小份层次油酥，尤为难得的是圆酥卷好以后，层次几乎都是与中心部分偏离的，酥层向外侧舒展，颇具观赏性。山楂细条点缀干净利落，心思巧妙，衬托了油酥的色彩。

学习与巩固

1. 圆酥是__________________。
2. 为了防止馅心吸油，上馅时一面加贴水油面或者________。

学习感想

____

____

____

任务六　各种直酥的制作

任务情境

直酥作品很多：有动物类的，如天鹅酥、海豚酥、蜗牛酥、章鱼酥、金鱼酥、螃蟹酥、青蛙酥、玉鼠酥、海螺酥、乌龟酥等；有植物类的，如玉米酥、藕酥、萝卜酥、青椒酥、柿子酥、茄子酥等；还有生活中常见的各种规则造型物件采用油酥形式表现的，如茶壶酥、花瓶酥、糖果酥、灯笼酥、皮包酥、木桶酥等；此外各种水果类酥点更是造型逼真、层次分明，如阳桃酥、香蕉酥、菠萝酥等。直酥都是明酥，即制品酥层清晰明显地露在外面，具有层次外露、酥层清晰的特点。

任务目标

①了解直酥的有关知识。

②掌握几种常用直酥的制作方法。

面点工作室

直酥作品的好坏主要从酥层是否清晰均匀，造型的独特性、新颖性，接口的严密性等方面进行判断。要制作出比较好的直酥作品需要做到以下几点。

一是掌握好水油面和干油酥的比例。一般来说水油面和干油酥的比例以3∶2为好，不要低于1∶1。

二是掌握两种面团的软硬度。不能过硬，硬了起酥时面团就干了，影响作品成形；也不能过软，软了起叠酥过程容易变形，造成酥层不均匀。

三是叠酥时要注意技法正确。要做到技术纯熟，要点是两个字——“轻”“匀”。无论是大包酥还是小包酥，都不能将酥层弄破或是弄乱。

四是熟制时注意火力控制，宜用中小火加热。

行家点拨

直酥的配方

水油面的配方：低筋粉280克，猪油30克，30℃水160~170毫升，盐1克。

干油酥的配方：低筋粉250克，猪油150克（随季节变化而调整）。

任务实施

各种直酥的制作

1. 训练原料

低筋粉500克，猪油200克，30℃水100克，豆沙馅或莲蓉馅200克，鸡蛋1个。

2. 训练内容

按照配方调制干油酥以及水油面，自行起叠酥，制作各种直酥。

3. 茭白酥制作方法

①部分原料（已调制干油酥、水油面）如图4–6–1所示，主要工具如图4–6–2所示。

图4–6–1/茭白酥原料
图4–6–2/茭白酥工具

②干油酥包入水油面，擀制，叠制，运用任务二中的起酥方法，然后对半切开，刷蛋液，叠高。斜切成厚约0.3厘米的酥坯（图4–6–3），擀薄（图4–6–4）。

图4–6–3/斜切酥坯
图4–6–4/擀酥

③坯皮上刷薄薄的蛋液，贴上糯米纸，再刷一遍蛋液。第一层顺长包入细长莲蓉馅约13克（图4–6–5），第二层斜60°包卷，第三层顺长包卷，最后一层还是斜60° 包卷，注意角度的变化，收拢（图4–6–6）。

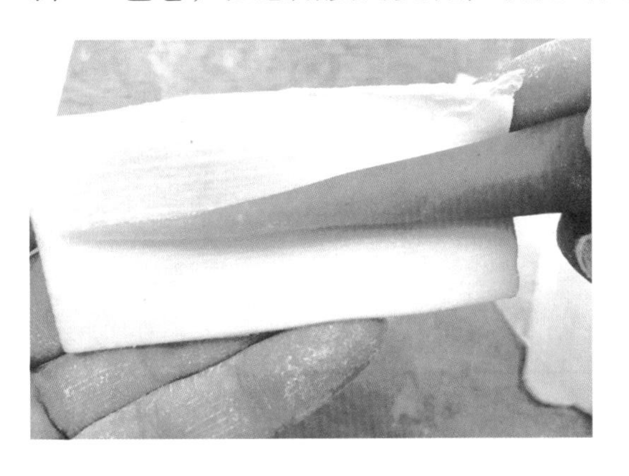

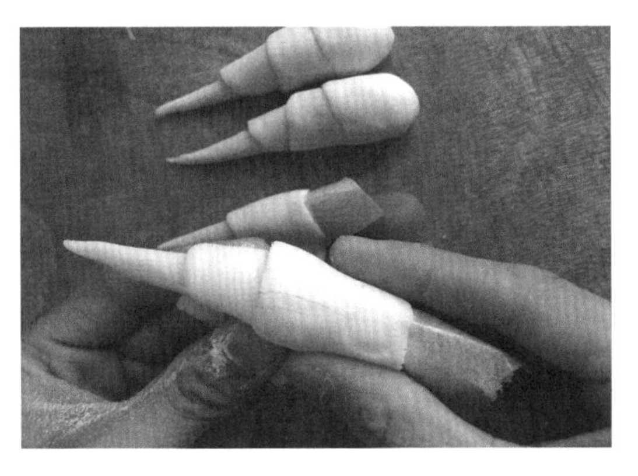

图4–6–5/顺长包卷莲蓉馅
图4–6–6/茭白酥生坯

④茭白酥底刷蛋液，下110℃油锅中静养（图4–6–7）。养至酥层模糊，升温，出酥层，油温升至160℃关火，待油酥制品呈淡黄色时捞起，沥净油装盘（图4–6–8）。

图4-6-7/炸制
图4-6-8/茭白酥成品

4. 灯笼椒酥制作方法

①部分原料（已调制干油酥、水油面）如图4-6-9所示，主要工具如图4-6-10所示。

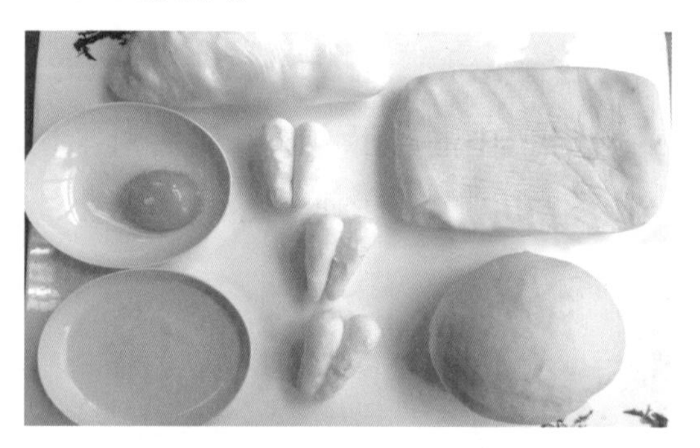

图4-6-9/灯笼椒酥原料
图4-6-10/灯笼椒酥工具

②起叠酥同茭白酥。两次四层折叠后，对半切开，刷蛋液，酥层叠高约10厘米。斜切成厚约0.5厘米的酥坯（图4-6-11），擀薄（图4-6-12）。

图4-6-11/斜切酥坯
图4-6-12/擀酥

③约8克猪油搓成一个长锥形（图4-6-13）。4个长锥形合为一个灯笼椒酥馅心（图4-6-14）。

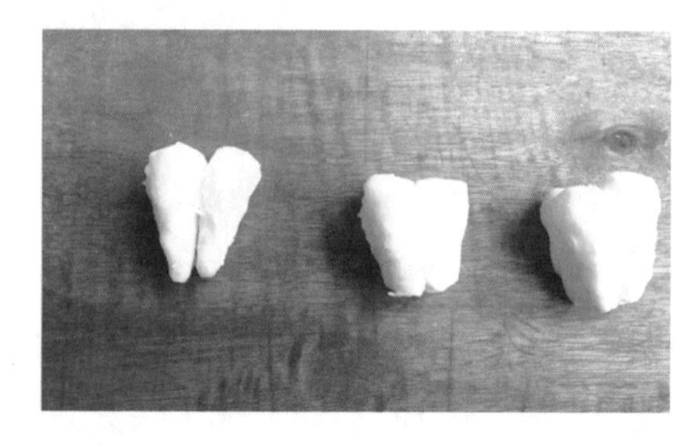

图4-6-13/猪油搓成长锥形
图4-6-14/灯笼椒酥馅心

④擀制好的直酥坯皮上刷薄薄的蛋液，贴上糯米纸，再刷一遍蛋液，顺长包入猪油馅心（图4-6-15）。剪掉侧面和上下多余部分，收拢成灯笼椒酥雏形（图

4-6-16），收口处刷上蛋液。注意灯笼椒上面自然突出部分高度的变化。

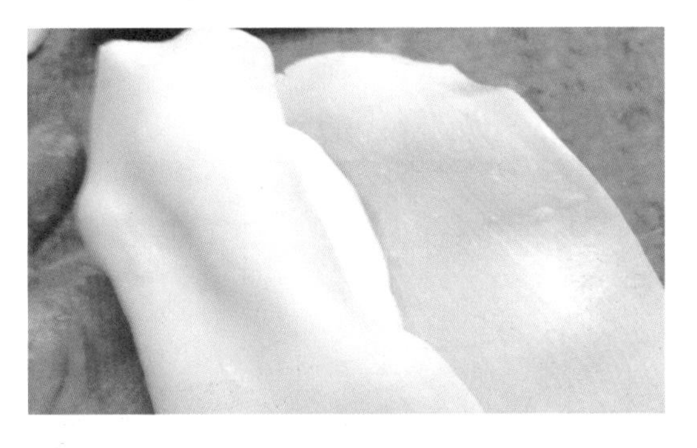

图4-6-15/上馅
图4-6-16/收拢成灯笼椒酥锥形

⑤用面刮板按压出灯笼椒酥侧面的凹陷（图4-6-17）。坯皮刷蛋液，顺长包入细长豆沙馅心，长约4厘米，下面捏成小伞状，制作灯笼椒酥柄（图4-6-18）。

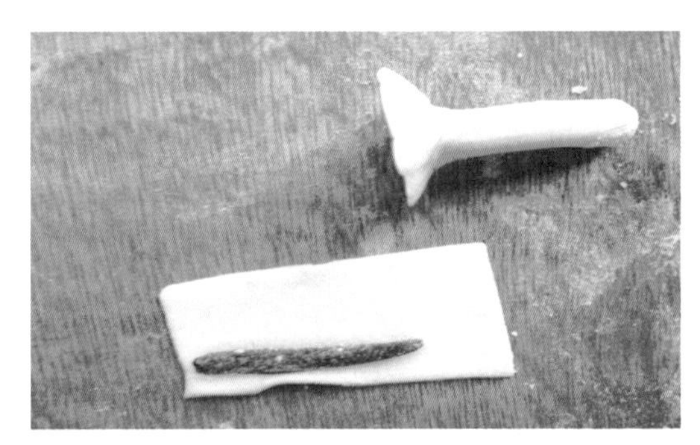

图4-6-17/按压出灯笼椒酥侧面凹陷
图4-6-18/灯笼椒酥柄

⑥将灯笼椒酥柄组装在刷了蛋液的灯笼椒酥上，用面刮板按压紧实（图4-6-19）。将灯笼椒酥生坯（图4-6-20）放在自制的炸制油酥工具上。

图4-6-19/组装
图4-6-20/灯笼椒酥生坯

⑦灯笼椒酥生坯下150℃油锅炸制（图4-6-21）。升温，让酥层中的猪油全部逸出，灯笼椒酥浮起，油温升至180℃，待灯笼椒酥炸成金黄色时捞起，沥净油装盘（图4-6-22）。

图4-6-21/炸制
图4-6-22/灯笼椒酥成品

5. 酒坛酥制作方法

①部分原料（已调制干油酥、水油面）如图4-6-23所示，工具如图4-6-24所示。

图4-6-23/酒坛酥原料
图4-6-24/酒坛酥工具

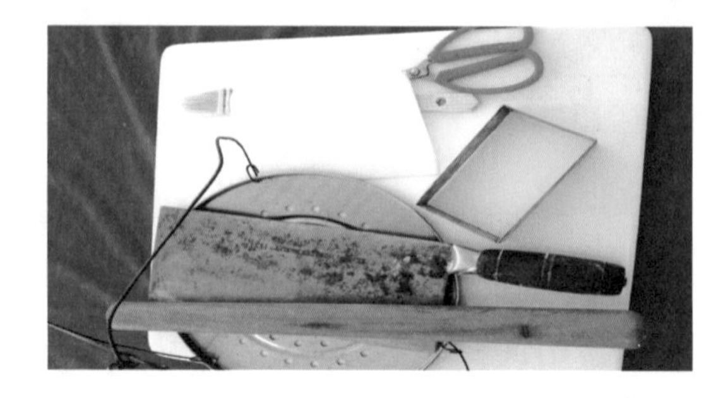

②干油酥包入水油面，擀制，叠制，运用任务二中的起酥方法。两次四层折叠以后，叠成如图4-6-25所示样式。对半切开，刷蛋液，叠高。将多余水油面擀开，刷蛋液，将叠好的酥层用刀切厚约0.8厘米的酥坯，刷蛋液拼接排布在水油面上（图4-6-26）。

图4-6-25/叠酥
图4-6-26/排酥

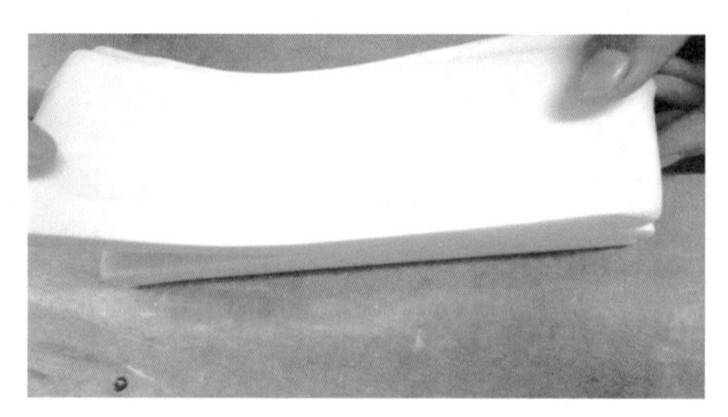

③用擀面杖敲酥，使之偏向一侧，用擀面杖将酥坯擀薄（图4-6-27）。用自制长方形模具按出花瓶酥所需大小的坯皮，长11厘米、宽4.5厘米（图4-6-28）。

图4-6-27/擀酥
图4-6-28/下合适大小坯皮

④坯皮刷上薄薄的蛋液，包入馅心（图4-6-29）。收拢下面接口，坛底刷蛋液，蘸上芝麻或面粉，上面收拢成酒坛形，绑上剪好的细苔菜（图4-6-30）。

图4-6-29/上馅
图4-6-30/绑细苔菜

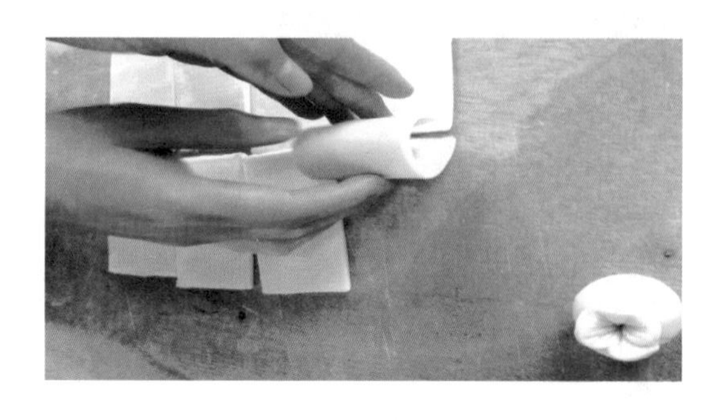

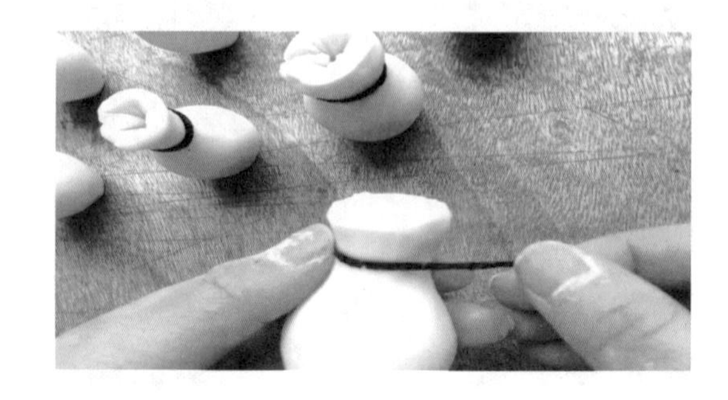

⑤油锅上火，油温升至100℃~110℃，换成小火，将酒坛酥生坯放在自制的炸制工具上，放入油锅（图4–6–31）。养至酥层模糊，升温，出酥层，油温升至150℃，关火，待油酥制品成淡黄色时捞起，沥净油装盘（图4–6–32）。

图4–6–31/炸制
图4–6–32/酒坛酥成品

6. 糖果酥制作方法

①起叠酥同酒坛酥。坯皮刷上薄薄的蛋液，包入馅心，两头收拢，使得酥层齐正，成糖果形（图4–6–33）。两头绑上细苔菜，用蛋液粘连（图4–6–34）。

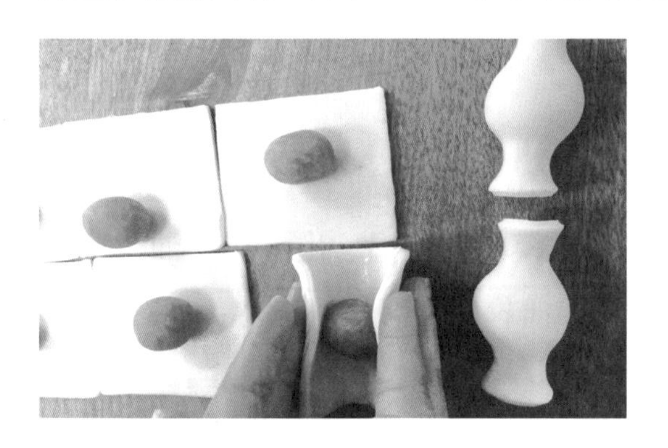

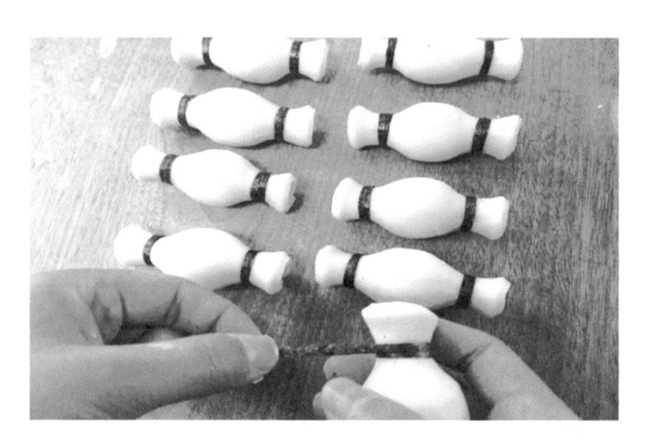

图4–6–33/上馅，成形
图4–6–34/绑细苔菜

②油锅上火，油温升至100℃~110℃，换成小火，将糖果酥生坯放在自制的炸制工具上，放入油锅（图4–6–35）。养至酥层模糊，升温，出酥层，油温升至150℃，关火，待油酥制品呈淡黄色时捞起，沥净油装盘（图4–6–36）。

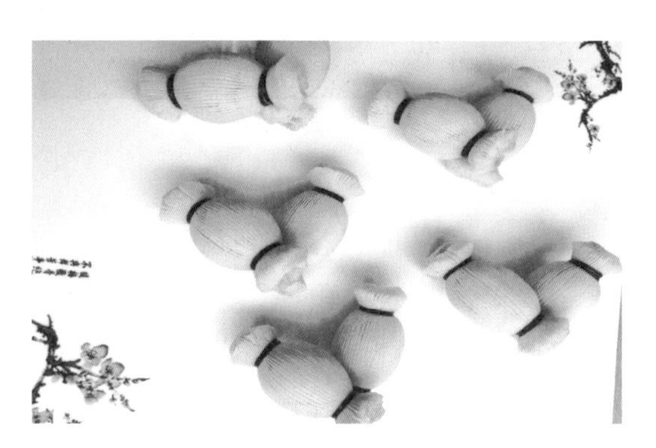

图4–6–35/炸制
图4–6–36/糖果酥成品

7. 南瓜酥制作方法

①起叠酥同茭白酥。坯皮刷上薄薄的蛋液，贴糯米纸，再刷蛋液，用中小号圆形模具下圆形坯皮（图4–6–37）。横酥包入莲蓉馅心，两头收拢，剪去多余部分（图4–6–38）。

图4-6-37/下圆形坯皮
图4-6-38/上馅

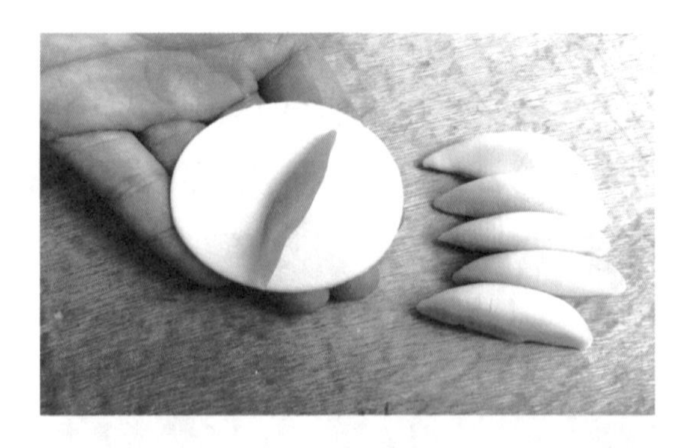

②六片合成一个南瓜，注意酥层全部朝下（或者朝上），如图4-6-39所示。用多余的水油面制作南瓜梗（图4-6-40）。

图4-6-39/成形
图4-6-40/南瓜梗及主体

③油锅上火，油温升至100℃~110℃，换成小火，将南瓜酥生坯放在自制的炸制工具上，放入油锅（图4-6-41）。养至酥层模糊，升温，出酥层，油温升至160℃，关火，待油酥制品呈淡黄色时捞起，沥净油装盘（图4-6-42）。

图4-6-41/炸制
图4-6-42/南瓜酥成品

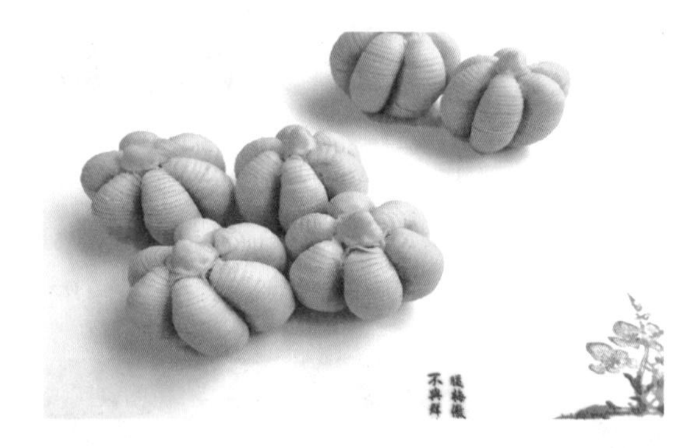

8. 操作要求

①刷蛋液时注意要刷在接口处，而不能刷在酥层处。

②起酥时要排出空气，可以采用牙签戳破去空气的处理方法。

③刷蛋液时尽量少而均匀，在酥层连接处刷蛋清，底部可以刷蛋黄液。

④炸制时注意掌控油温，不宜升温过快。

想一想

制作以上直酥时，如果是夏天，如何控制干油酥和水油面的软硬度？如果天气较冷，如何使酥层更清晰？

佳作欣赏

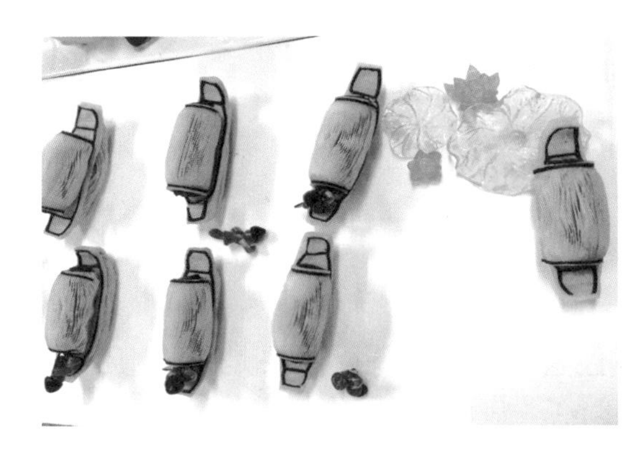

图4-6-43/船酥
图4-6-44/企鹅酥

图4-6-45/丝瓜酥
图4-6-46/兔子酥

图4-6-47/蜗牛酥
图4-6-48/松鼠酥

学习与巩固

1. 直酥的特点为__________、__________和__________。

2. 制作明酥要掌握两种面团的软硬度。不能过硬，硬了起酥时__________，影响作品成形；也不能过软，软了起叠酥过程__________，造成__________。

3. 直酥作品有很多，如糖果酥、__________和__________等。一般初炸温度为__________℃，出锅温度大致以__________℃为宜。

学习感想

____

____

____

任务七　各种组合明酥的制作

任务情境

明酥可分为直酥、圆酥、小卷酥（直酥包卷）。组合明酥主要是指将直酥、圆酥、小卷酥中的两种或者三种酥层组合搭配，制作成具有一定形状的明酥作品，如房子酥、花篮酥、茶壶酥、鞭炮酥等。

任务目标

①了解小卷酥的有关知识。

②掌握几种组合明酥的制作方法。

③具有灵活运用面点技术的能力，能进行优化组合创新。

面点工作室

组合明酥外形酷似生活中的物体，所有组成部分都有清晰酥层，典雅别致，造型美观。高超的制作技巧可以展现新时代厨艺强国精湛技艺，不断激发面点技艺创新创造活力，提升文化自信。

例如，房子酥将直酥和小卷酥巧妙运用在一起，房子主体和屋顶部分采用直酥，烟筒采用小卷酥（小卷酥就是直酥包卷，类似榴梿酥，馅心细，卷起以后比较精巧，可以做茶壶柄、花篮手柄等）；而花篮酥是将直酥、圆酥和小卷酥结合在一个作品中，观赏性强，看点多，酥层清晰，设计巧妙，令人眼前一亮。组合明酥作品设计精巧，酥层清晰，可以设计出各种创意酥点。

行家点拨

调制单酥及混酥油酥，出于增加口感以及营养的需要，往往添加鸡蛋，一般250克面粉加1个鸡蛋。而层酥制品往往在调制面团过程中不加鸡蛋，仅在油酥叠酥和接口处使用蛋黄或者蛋清。

任务实施

房子酥的制作方法

1. 训练原料

干油酥：低筋粉250克，猪油140克（夏天125克）。

水油面：低筋粉280克，猪油30克，盐1克，30℃水140毫升。

莲蓉馅心每只18克，鸡蛋1个，山楂细条若干。

2. 训练内容

按照配方调制干油酥以及水油面，自行起叠酥，制作房子酥。

3. 制作方法

①原料（已调制干油酥和水油面）、部分工具如图4–7–1、图4–7–2所示。

图4–7–1/房子酥原料
图4–7–2/房子酥工具

②大包酥，起叠酥同任务六中的酒坛酥。酥层叠高后切厚约0.5厘米的厚片4片、厚约0.2厘米的薄片1片（图4–7–3）。取剩余水油面，擀薄，刷蛋液，将厚片拼接排布在水油面上（图4–7–4）。

图4–7–3/切酥
图4–7–4/排酥

③用一大一小2个长方形模具按压出房子主体坯皮和房屋盖面（图4–7–5）。大的长方形酥皮刷蛋液，酥层朝外，包入18克方形莲蓉馅（图4–7–6）。

图4–7–5/下合适大小的坯皮
图4–7–6/上馅

④包馅整理成房子主体形状（图4–7–7）。将10片小长方形坯皮的一端戳出圆形，预留房顶烟筒处圆洞（图4–7–8）。

图4-7-7/房子主体成形
图4-7-8/房顶烟筒圆洞

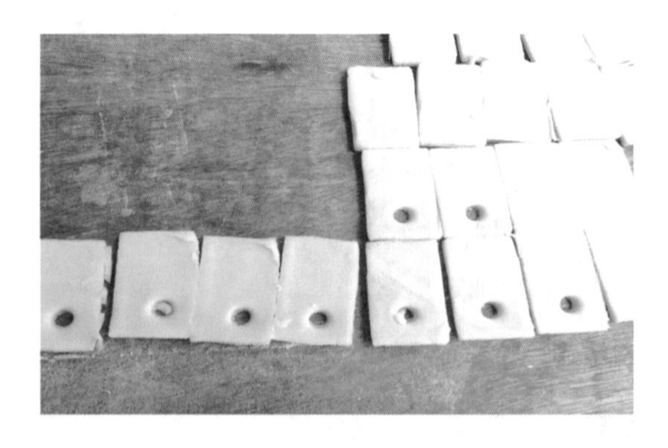

⑤将2片长方形屋顶坯皮刷蛋液合拢，组装在刷蛋液的房子主体上（图4-7-9）。小卷酥，将②中的薄片贴上水油面，擀薄，刷蛋液，横酥卷入山楂细条（图4-7-10），制作房顶烟筒。

图4-7-9/组装屋顶
图4-7-10/横酥卷入山楂细条

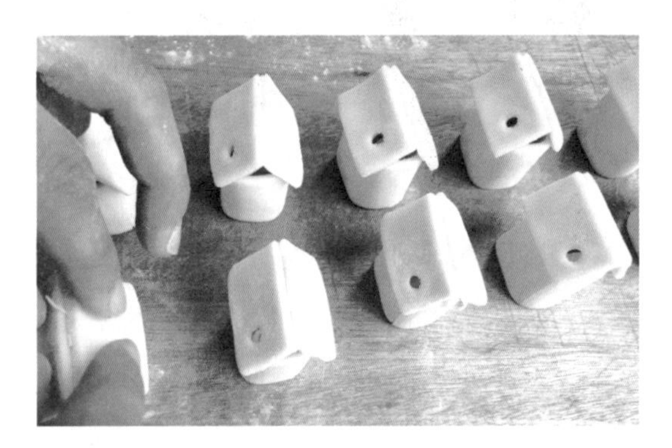

⑥斜切小卷酥1~2厘米长，组装在屋顶上（图4-7-11）。在制作完成的房子酥生坯（图4-7-12）的所有接口处刷上蛋液。

图4-7-11/组装烟筒
图4-7-12/房子酥生坯

⑦将油锅上火，倒入色拉油，升温至140℃，关火，下房子酥生坯（图4-7-13）。充分出层次后，开中小火，升温至150℃，待房子酥色泽淡黄时，出锅，装盘，上下采用山楂细条修饰点缀（图4-7-14）。

图4-7-13/炸制
图4-7-14/房子酥成品

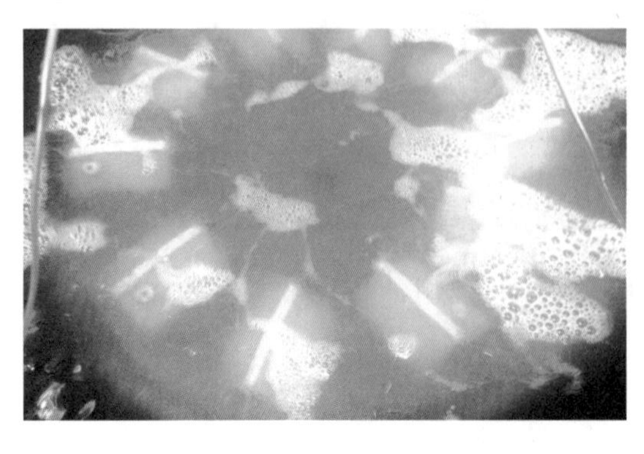

花篮酥的制作方法

1. 训练原料

干油酥：低筋粉250克，猪油140克（夏天125克）。

水油面：低筋粉280克，猪油30克，盐1克，30℃水140毫升。

豆沙馅心每只20克，鸡蛋1个，山楂细条若干，细苔菜若干，糯米纸若干。

2. 训练内容

按照配方调制干油酥以及水油面，自行起叠酥，制作花篮酥。

3. 制作方法

①原料、部分工具如图4–7–15、图4–7–16所示。

图4–7–15/花篮酥原料

图4–7–16/花篮酥工具

②和面，大包酥。将250克低筋粉、140克猪油擦成干油酥。低筋粉280克、猪油30克、盐1克、30℃水140克调成水油面。饧面15分钟，将干油酥包入水油面中（图4–7–17），擀成约0.3厘米厚的长方形薄片（图4–7–18）。

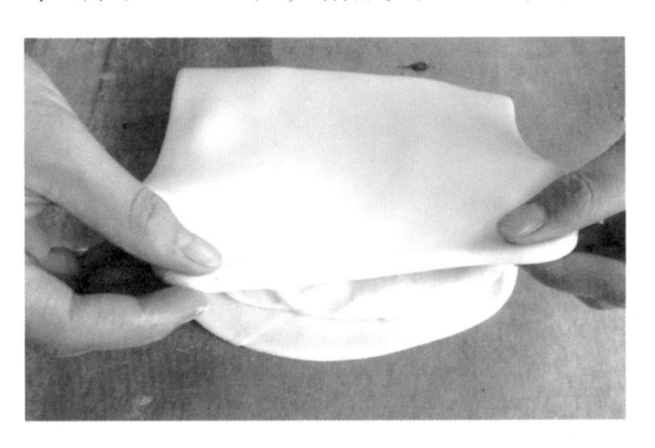

图4–7–17/干油酥包入水油面

图4–7–18/擀酥

③两头切平整，折叠成四层（图4–7–19）。再次擀成约0.3厘米厚的长方形薄片，一头斜片一刀，刷上蛋液，卷成直径约3厘米的圆筒，卷到最后，用擀面杖把酥面擀薄，接上一层水油面（图4–7–20）。

图4–7–19/叠酥

图4–7–20/卷酥

④将圆筒切成约0.6厘米厚的圆片，刷上蛋液，贴上大小一致的圆形糯米纸（图4–7–21）。将酥层朝上，用面刮板按压出均匀的12等份（图4–7–22）。

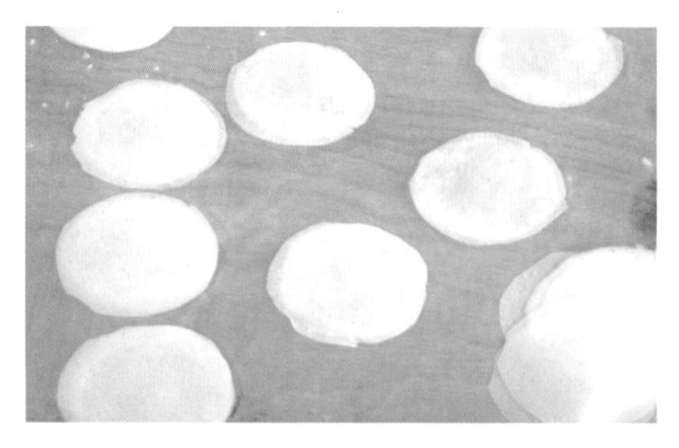

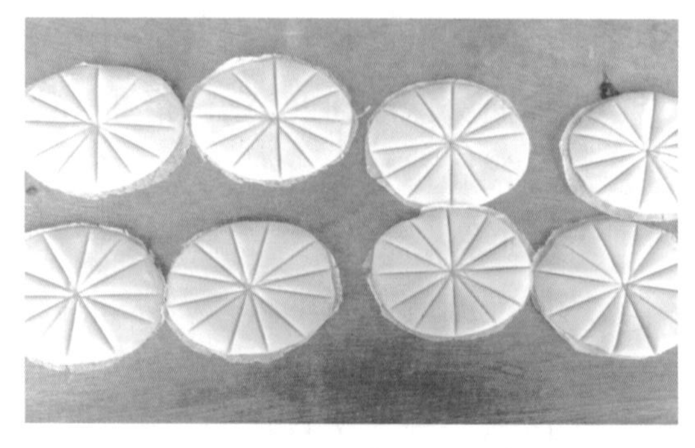

图4–7–21/贴糯米纸
图4–7–22/按压出12等份

⑤起酥，制作直酥，同项目四中的花瓶酥。用自制长方形模具下大小一致的长11厘米、宽5厘米的坯皮（图4–7–23）。包入莲蓉馅，绑上细苔菜（图4–7–24）。

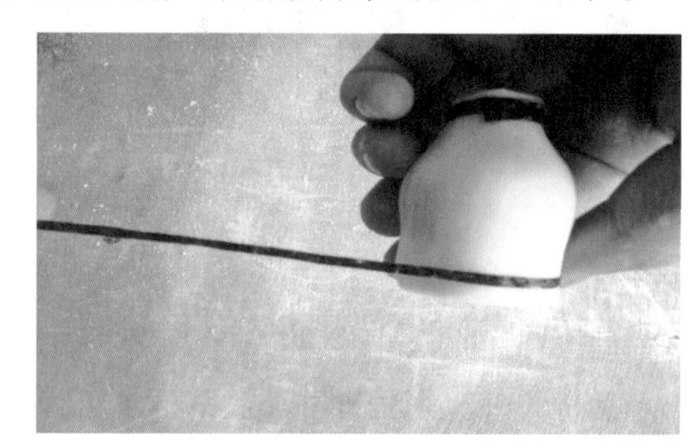

图4–7–23/下合适大小的坯皮
图4–7–24/绑细苔菜

⑥将上述坯皮擀成约0.1厘米厚的直酥皮，制作小卷酥。将山楂细条卷入刷蛋液的直酥皮反面，直酥包卷制成小卷酥（图4–7–25），弯卷成花篮柄，接口用蛋液粘连（图4–7–26）。

图4–7–25/直酥包卷制小卷酥
图4–7–26/弯卷成花篮柄

⑦圆酥反面刷蛋液，粘连在直酥花篮底座上（图4–7–27）。小卷酥弯卷成的花篮柄装在花篮主体上，连接处用蛋液粘连（图4–7–28）。

图4–7–27/组装花篮主体
图4–7–28/组装花篮柄

⑧油锅上火，倒入色拉油，升温至140℃，关火，下花篮酥生坯（图4-7-29）。充分出层次后，开中小火，升温至150℃，待花篮酥色泽淡黄时，出锅，装盘（图4-7-30）。

图4-7-29/炸制
图4-7-30/花篮酥成品

茶壶酥的制作方法

1. 训练原料

干油酥：低筋粉250克，猪油140克（夏天125克）。

水油面：低筋粉280克，猪油30克，盐1克，30℃水150毫升。

莲蓉馅心每只20克，松子仁若干，细苔菜若干，鸡蛋1个，山楂细条若干。

2. 训练内容

按照配方调制干油酥以及水油面，自行起叠酥，制作茶壶酥。

3. 制作方法

①原料（已调制干油酥和水油面）、部分工具如图4-7-31、图4-7-32所示。

图4-7-31/茶壶酥原料
图4-7-32/茶壶酥工具

②和面，大包酥。将250克低筋粉、140克猪油擦成干油酥。低筋粉280克、猪油30克、盐1克、30℃水150毫升调成水油面。将干油酥包入水油面中，擀开成长方形薄片，两头切平整，叠四，再次擀成厚约0.3厘米的长方形薄片，再叠四。

③将叠好的长方形薄片对半切开，刷蛋液，叠高（图4-7-33）。水油面擀薄，将叠高的酥层切厚约0.8厘米的厚片，刷蛋液，酥层朝上排酥，再切2片厚约0.2厘米的薄片排酥（图4-7-34）。

图4-7-33/叠酥
图4-7-34/排酥

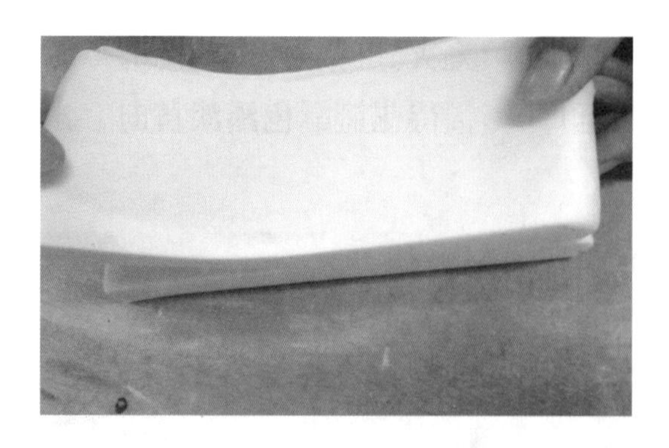

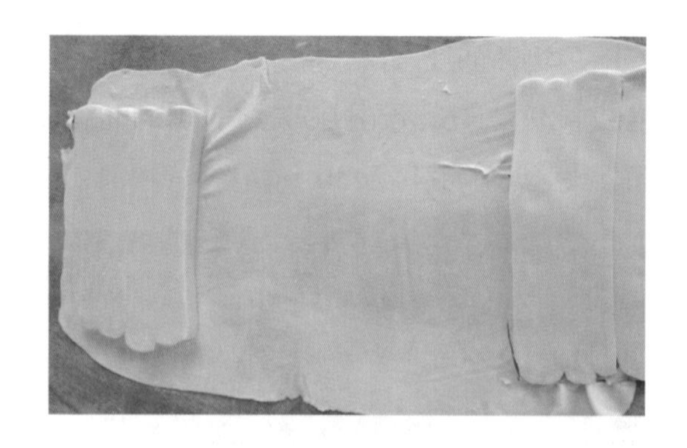

④将厚片排酥敲偏，擀开，用自制长方形模具下坯皮（图4-7-35）。将坯皮翻面，刷蛋液，上莲蓉馅，做成酒坛形状（图4-7-36）。

图4-7-35/下合适大小的坯皮
图4-7-36/上馅

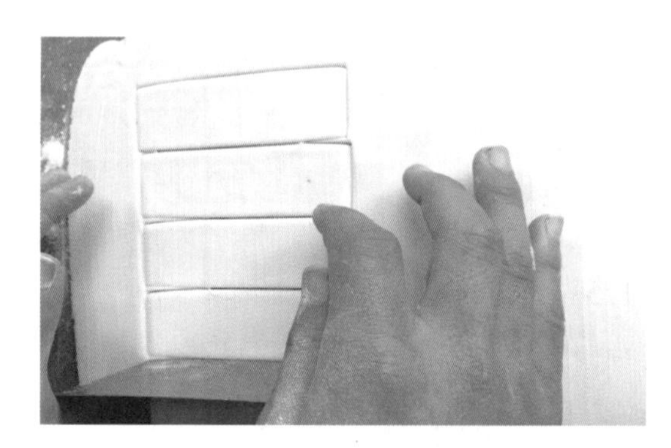

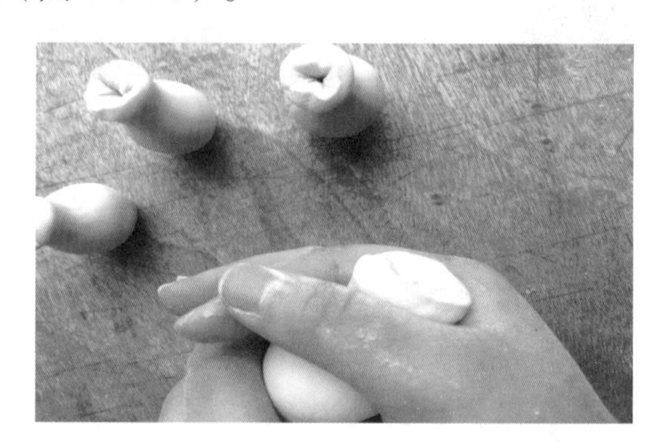

⑤酒坛坯体逐一用细苔菜捆绑（图4-7-37）。将薄片排酥用擀面杖尽量擀薄，制作小卷酥，将山楂细条卷入刷蛋液的直酥反面，接口处刷蛋液（图4-7-38）。

图4-7-37/绑细苔菜
图4-7-38/制作小卷酥

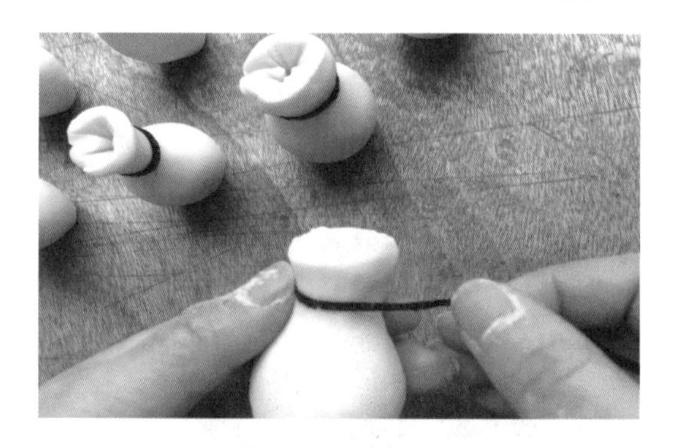

⑥依次卷10根。斜切成3~4厘米长的长条（图4-7-39），一根弯成壶柄、一根做壶嘴待用。酒坛坯体剪去细苔菜上面多余部分，做成茶壶壶身。在制作小卷酥的直酥面上，用圆形小模具按出圆形壶盖。组装壶柄、壶嘴、壶盖，壶盖上面用松子仁点缀，所有接口用蛋液粘连（图4-7-40）。

图4-7-39/斜切小卷酥
图4-7-40/茶壶酥生坯

⑦油锅上火，倒入色拉油，升温至135℃，小火下茶壶酥生坯，充分出层次后，开中小火，升温至160℃（图4–7–41），待茶壶酥炸至色泽淡黄时，出锅，装盘（图4–7–42）。

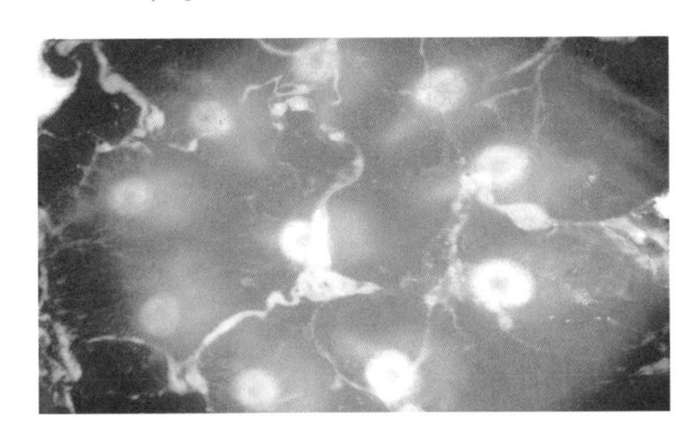

图4–7–41 / 炸制
图4–7–42 / 茶壶酥成品

拓展训练

试试单独制作小卷酥、直酥、圆酥。
试试将两种油酥拼接，运用不同油温进行定形。

佳作欣赏

图4–7–43 / 柿子酥
图4–7–44 / 香蕉酥

图4–7–45 / 玉米酥
图4–7–46 / 小羊酥

图4–7–47 / 房子酥
图4–7–48 / 鞭炮酥

温馨提示

组合明酥可以制作成各种创意油酥，这是在造型上进行的创意。随着现代人对美好生活的向往，还可以在油酥的原材料使用上进行巧妙设计。近些年，在大赛、美食展中亮相的油酥，更加注重口味和色彩的变化。

学习与巩固

1. 组合明酥作品有茶壶酥、________、________、________等。组合明酥一般由两种或者三种酥层组合而成，是一种象形明酥作品，三种酥层指________、________、________。

2. 组合明酥作品的特点有__________、__________、__________。

学习感想

____

____

____

项目五　象形点心

项目描述

象形点心最具代表性的便是苏州船点，它属于苏州船菜中的点心部分，具有江南风味香、软、糯、滑、鲜的特点，且造型精美，色泽鲜艳，形态逼真。制作船点的面团属于米粉面团（或称为粉团），是将糯米粉等用沸水烫制调配而成的。船点的造型一般是我们日常所见的，有象形水果、粮蔬、动物等种类，这些栩栩如生的点心最能体现船点师傅的巧夺天工。

小曹是烹饪班二年级学生，喜爱制作点心，新学期将至，她也将进入某酒店点心房实习。假期里，小曹随家人一起前往江苏游玩，游太湖时，正巧遇上假期特别活动“走近非遗传承人”，看到各式造型逼真的船点，小曹不禁心生惊叹和向往。即将步入实习岗位的她，想学做精美象形点心的念头油然而生。

项目分析

要使象形点心做得精致，必须多看、多学、多做，做个有心人，多观察、多积累、多思考。小曹虽然在学校学过几款常用船点的制作，但一般用色素调制而成，如何做出更精美、更具观赏性的象形点心呢？怎样添加天然色素？如何调制新鲜馅料？如何灵活调配粉料比例制作各式象形点心？象形点心有哪些制作方法和操作要领，运用哪些工具才能使制品栩栩如生呢？

项目目标

①了解米粉面团的相关知识，认识常用工具。

②掌握米粉面团的调制方法、调制技巧及操作要领。

③熟练掌握基本象形点心的制作。

④掌握常用船点咸馅和甜馅的制作及运用。

⑤掌握色彩的调配和合理运用。

⑥具有热爱自然和可持续发展理念。

项目实施

任务一　水果类船点的制作

任务情境

苏州的小吃历史十分悠久。早在唐代就出现的船点正是苏式面点的起源。所谓船点就是在行驶的船上吃的点心，属于苏州船菜中的点心部分。当时的达官贵人经常到苏州游玩办公，那时候主要的交通工具就是船。船行速度较慢，途中少不了要用餐，于是船上配备了专门的厨师制作点心。这些点心，不但味道可口，具有江南风味的香、软、糯、滑、鲜的特点，而且造型精美，多做成水果、粮蔬、动物等象形造型，有花鸟鱼虫，也有亭台楼阁。船点选料考究，制作精良，加上造型多具艺术性，可以说是苏式面点里的“阳春白雪”。

目前，船点已经成为宴席中不可缺少的内容。其中，水果造型的船点因色彩清新、造型可爱，总能带给人们清爽的感受和愉悦的心情，是船点食谱中常被点单的品种。

任务目标

①掌握米粉面团的配方并学会米粉面团的调制方法。

②学会米粉面团的着色方法，并灵活运用到水果类船点的制作中。

③学会用不同技法完成几款典型水果类船点的制作，并触类旁通。

面点工作室

船点是米粉面团制品中的精品，现在一般在高档宴席上或节日时供应。船点的制作有四个过程：粉团调制、粉团着色、包馅成形和成熟。

一、船点的概述

船点有文字记载的历史可追溯至唐代，系旧时文人雅士在游船时享用的点心。它以米粉面团为坯料，包以各种馅心，捏制成形，蒸制成熟。

船点制作精巧、形态逼真、色彩鲜艳、馅心味美、香糯可口，既能品尝，又可观赏。除此之外，水果类船点还具有外形可爱、皮糯微甜的特点。

船点可应用于高档宴席和节日特殊供应、点缀等。

二、粉团的调制

白案选用的面团有五类：水调面团、膨松面团、油酥面团、米粉面团、其他面团。船点一般使用米粉面团制作，偶尔也用发酵面团。

方法一：饮食行业中船点的传统用粉一般使用细筛过筛后的镶粉，质地细腻光滑。镶粉由糯米粉与粳米粉按1：1的比例混合，过筛后的镶粉再以“煮芡”的方式制成粉团，即镶粉1/3用沸水和成团，上垫有干净湿布的蒸笼蒸熟，另2/3用水拌和后，与“熟芡”（蒸熟的镶粉团）揉成团即可。

方法二：为求时效及制作方法的创新，粉团的调制另有做法，即将澄粉和糯米粉以2：1或1：1的比例倒入碗中（若制成甜味粉团再加适量白砂糖），用沸水烫成雪花面，再加少许色拉油揉成团即可。

三、粉团的着色

粉团的着色宜淡，宜利用天然色素。粉团一般采用卧色法着色，即将白色粉团染成各种彩色粉团，根据制品需要配上彩色粉团做成成品。例如，鲜黄色的粉团是用南瓜泥着色，淡黄色的是用玉米面或玉米汁，翠绿色的是用青菜汁，粉色的是用玫瑰末或草莓汁，咖啡色的是用可可粉，蓝色的是用蓝莓汁，紫色的是用紫薯粉或紫薯泥，红色的是用红曲米粉，橙色的是用胡萝卜泥……

行家点拨

船点制作要点

粉团的烫制非常讲究，一定要用沸水快速搅拌将其烫熟，趁热揉成团，充分发挥淀粉的糊化作用，这样制成的粉团才光滑、细腻、有黏性，成熟时不易开裂。

若要使船点呈现象形水果或粮蔬的味道，可添加相应的汁液或泥，但汁液要煮沸后在烫面这一步骤中加入。

船点是中国人的独门心传。抓住船点制作要点，提炼展示中华文明的精神标识和文化精髓，增强中华饮食文明传播力和影响力，推动中式面点更好走向世界。

象形草莓的制作

1. 训练原料

澄粉150克，糯米粉150克，白砂糖80克，草莓汁适量，青菜汁适量，豆沙馅心100克，猪油适量等。

2. 训练内容

按照配方调制象形草莓粉团（浅红色和绿色各一），制作象形草莓。

3. 制作方法

①部分原料如图5–1–1所示，主要工具如图5–1–2所示。

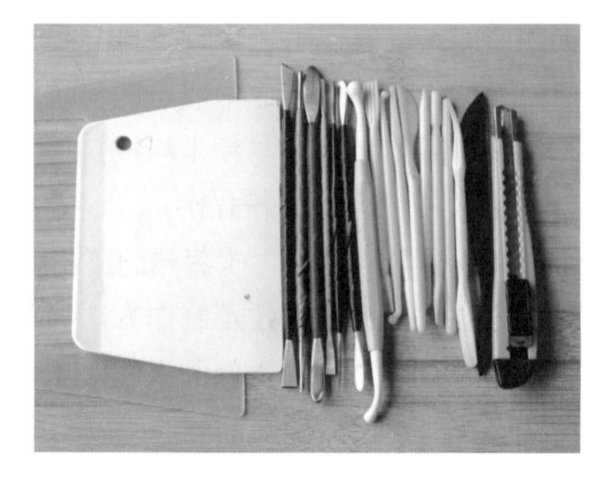

图5–1–1／象形草莓原料
图5–1–2／象形草莓工具

②澄粉、糯米粉、白砂糖倒入容器中，混合均匀，加入沸水和煮沸的草莓汁，迅速搅拌，待稍凉时，加入猪油揉制成浅红色粉团。绿色粉团用青菜汁以同样的方法调制。留一点白色粉团待用。调制而成的两块粉团如图5–1–3所示。

③搓条、下剂，每种粉团均匀分成10只剂子（图5–1–4）。

图5–1–3／粉团
图5–1–4／剂子、馅心

④将浅红色剂子搓成短锥形，用尖头工具笔斜角戳出草莓身上的小孔，填上白芝麻（图5–1–5）。

⑤取少许白色粉团搓圆后压扁，擀成薄片，贴在短锥形粉团底部（图5–1–6）。

图5–1–5／填白芝麻
图5–1–6／贴薄片

⑥取绿色剂子搓圆、压扁，从中心揪出一小撮搓出细长的草莓蒂，剪出草莓叶子的形状（图5–1–7），粘贴在短锥形粉团底部，再用工具刀印出叶纹。

⑦将制好的象形草莓生坯（图5–1–8）上笼蒸制7~8分钟。

图5–1–7 / 制作叶子

图5–1–8 / 象形草莓生坯

⑧取出，刷油即可（图5–1–9）。

图5–1–9 / 象形草莓成品

4. 操作要求

①草莓的叶子要剪出8~10片，黏贴叶片可做些变化，可将叶尖卷起，或让叶子全部贴合，使草莓更加形象逼真。

②戳制草莓身上的小孔时要把握其自然规律，下一行小孔要与上一行小孔交错排布，如砌砖块一般。

③填白芝麻时也要注意白芝麻的方向，白芝麻的尖角始终朝着草莓的尖角方向。

想一想

1. 粉团怎样变得“有生命”？既然是纯天然的，那么船点漂亮的色彩从何而来?

2. 船点出笼时应刷什么类型的食用油? 试着说出几款。

拓展训练

象形红枣的制作

1．训练原料

澄粉150克，糯米粉150克，白砂糖80克，红曲米粉少许，红枣适量，莲蓉馅心100克，猪油适量等。

2．训练内容

按照配方调制象形红枣粉团（深红色粉团），制作象形红枣。

3．制作方法

①部分原料如图5-1-10所示，主要工具如图5-1-11所示。

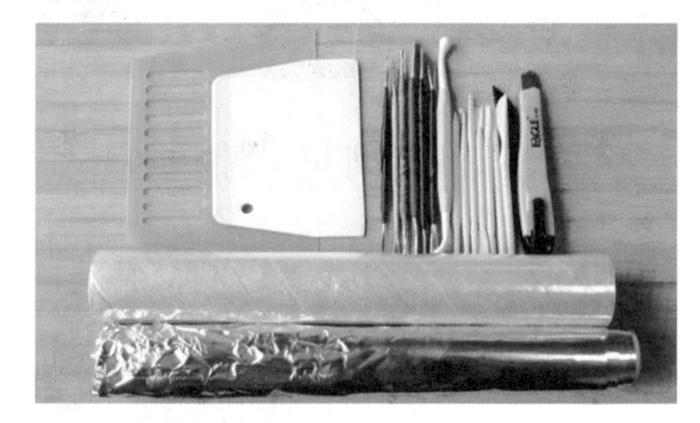

图5-1-10/象形红枣原料
图5-1-11/象形红枣工具

②澄粉、糯米粉、白砂糖、红曲米粉倒入容器中，混合均匀，加入沸水，迅速搅拌，待稍凉时，加入猪油、红枣泥（红枣肉事先捣成泥）揉制成深红色粉团。搓条、下剂，均匀分成10只剂子（图5-1-12）。

③包馅，搓成圆柱状（图5-1-13）。

图5-1-12/剂子、馅心
图5-1-13/圆柱状剂子

④锡纸捏皱、刷油，用锡纸将包入馅心的剂子包卷起来，两头稍压，揭开锡纸，制成象形红枣初坯（图5-1-14）。

⑤用牙签戳出枣柄处凹陷（图5-1-15）。

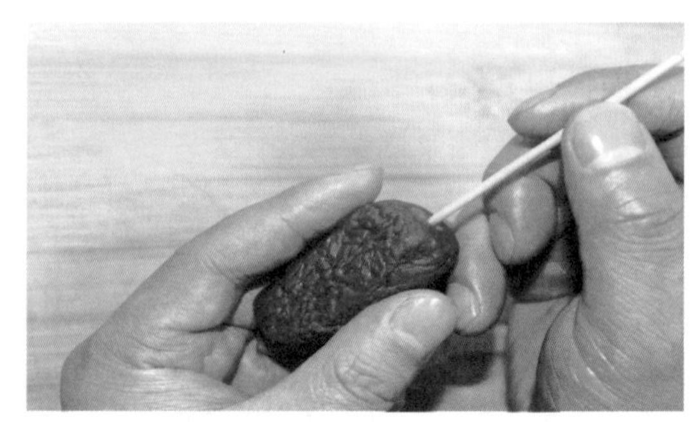

图5-1-14/锡纸包卷
图5-1-15/牙签戳出枣柄处凹陷

⑥取少许咖啡色粉团，搓出细条，固定到枣柄凹陷处（图5-1-16）。

⑦将制好的象形红枣生坯（图5-1-17）蒸制7~8分钟。

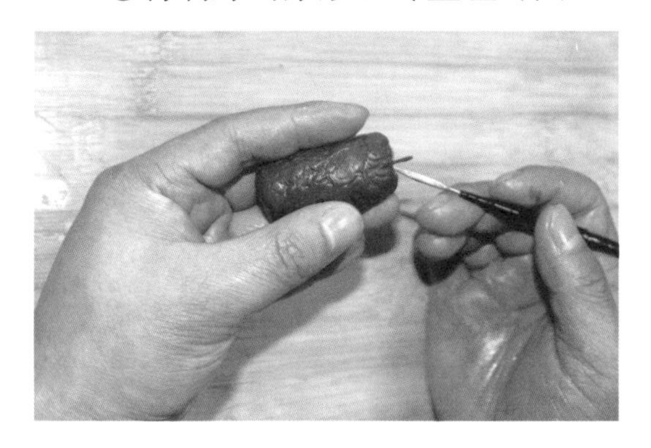

图5-1-16/固定红枣柄
图5-1-17/象形红枣生坯

⑧取出，刷油，装盘（图5-1-18）。

图5-1-18/象形红枣成品

4. 操作要求

①剂子大小一致，大小与实物相符。

②锡纸褶皱不可过细，否则包捏出的象形红枣纹路不清晰。

 相关链接

澄粉面团的成团原理

澄粉面团是纯淀粉制成的面团，因为不含有蛋白质，不能产生面筋质，只能靠淀粉糊化形成粉团。当水温超过53℃时，淀粉的颗粒就逐渐膨胀；超过60℃时，淀粉颗粒不但膨胀，而且进入糊化阶段，颗粒体积比在常温下胀大好几倍，淀粉吸水量增大，黏性增强，有一部分溶于水中；超过67℃时，淀粉大量溶于水中，成为黏性很强的溶胶；超过90℃时，黏性越来越强，在100℃时达到最佳。澄粉面团就是利用沸水使淀粉糊化形成的粉团。

澄粉面团的特点

色泽洁白，成熟后透明或半透明；由于淀粉的糊化作用，澄粉面团黏性强、韧性差，柔软细腻，具有良好的可塑性；澄粉面团带有甜味，口感嫩滑。

学习与巩固

1. 苏州船点是苏式面点的一部分，据史料记载它起源于______________，可

以制成________、_________、________等类型的象形点心。

2. 船点具有_________、_________、_________、_________等特点，既能品尝，又可观赏。

3. 传统制作中船点采用的镶粉是由____________和____________按照__________的比例混合调制而成的，采用_________方法制成粉团。

4. 使澄粉进入糊化阶段的水温是________。

学习感想

____

____

____

任务二　粮蔬类船点的制作

任务情境

粮蔬类船点的制作与水果类船点的制作有很多相似之处，也有将这两种船点合为同一系列的。二者主料一致，馅心一般以甜馅为主，如玫瑰馅、枣泥馅、糖油馅、豆沙馅、芝麻馅等，亦可添加蔬菜原汁配以荤料的咸馅制作。粮蔬类船点的造型同样要求逼真精细，可适当简化工艺，突出食用性；粉团调制则注重营养，多采用澄粉与一定比例的糯米粉、杂粮粉、相应的泥或汁掺和，这样既保留了粮蔬本身的色泽又保有原料的特有风味。

任务目标

①学会馅料的选择、搭配和调制，熟悉常用甜馅的品种及运用。

②掌握多种象形粮蔬粉团的调制方法。

③掌握3~5款造型较简单的粮蔬类船点的成形技法。

面点工作室

粮蔬类船点同样在外形、色泽和口味上要求精致，其中，根茎类象形蔬菜应用较广泛。

一、常见象形粮蔬粉团的调制

（一）象形玉米

玉米呈黄色，可用澄粉加糯米粉与玉米淀粉以3∶2的比例掺和，配适量吉士粉等辅料揉成黄色粉团，掺糯米粉的目的是降低制品的透明度。玉米叶则由粉团添加青菜汁调制制作。

（二）象形茄子

茄子呈紫色，粉团可用澄粉、糯米粉、紫薯粉以1∶1∶1的比例配以辅料调制，最好采用熟的紫薯粉或紫薯泥，这样口感更佳。茄子的叶子可将粉团掺抹茶粉或青菜汁制成。

（三）象形南瓜

南瓜呈金黄色，粉团的调制可参照象形茄子粉团的调制方法，将紫薯粉或泥换成南瓜泥即可。

（四）象形荸荠

荸荠呈紫黑色，粉团可用黑米粉或糯米粉、澄粉、红曲米粉和可可粉按一定比例混合成团。荸荠的须使用白色粉团和咖啡色粉团制作。

二、船点常用甜馅的调制

花果植物类船点大多以甜馅为主。例如，象形桃子，可用细甜豆沙馅等；象形枇杷，可用枣泥馅、细甜豆沙馅、莲蓉馅、芝麻馅等；象形茄子，可用山药馅、莲藕馅、莲蓉馅等。

细甜豆沙馅：红豆去杂质，用清水泡软，入锅煮烂，再加适量的红糖，煮至红豆将水分全部吸收。将煮烂的红豆放在滤网上，下面放一盆纯净水，用勺子将豆沙搓烂漏进水里，再用纱布将豆沙的水分拧干。豆沙加少许猪油炒制，用中小火分次加入适量红糖炒至豆沙水分基本挥发，再加入麦芽糖，不停翻炒至水分完全挥发、豆沙较黏稠、炒制费劲时即可，晾凉后冷藏备用。（细甜豆沙馅与前述豆沙馅的调制大致相同，仅将色拉油、白糖等换为猪油、红糖等。）

枣泥馅：红枣洗净，去皮去核，留枣肉切碎。将枣肉倒入锅中，加枣肉一半的水煮制，煮的过程中用打蛋器不断搅拌，使枣肉和水充分融合，煮至枣肉成泥糊状，晾凉，过滤。滤出的枣泥入锅加核桃碎，用小火不断翻炒至枣泥中的水分收干、枣泥变硬，关火后继续翻炒至晾凉。（这里提供了与前述方法不同的另一种调制枣泥馅的方法。）

芝麻馅：黑芝麻炒熟或烤熟，用料理机打成茸，加入适量融化的黄油或猪油、白砂糖、蜂蜜，搅拌均匀即可，冷藏备用。

山药馅：山药洗净，切成小段，入锅加水（刚好没过）煮至熟透，取出后去皮，将山药块在滤网上筛出泥或放入碗中捣烂，再入锅加适量白砂糖、猪油、桂花酱或山楂酱，用小火不断翻炒至山药泥水分收干、山药泥变硬即可，晾凉后冷藏备用。

行家点拨

粮蔬类船点制作要点

烫面时要掌握好粉团的软硬度。

馅心的口味和颜色直接影响粮蔬类船点的品质，选择和制作馅心要考虑粮蔬类船点成熟后的整体效果。

为改善感观，可适当改变粉团比例。糯米粉多，澄粉少，适当降低透明度会使某些粮蔬类船点更逼真。

任务实施

象形玉米的制作

1. 训练原料

澄粉150克，糯米粉150克，猪油15克，甜玉米粒适量，糖粉90克，抹茶粉20克，莲蓉馅心适量等。

2. 训练内容

按照配方调制象形玉米粉团（黄色和绿色各一），制作象形玉米。

3. 制作方法

①部分原料如图5–2–1所示，主要工具如图5–2–2所示。

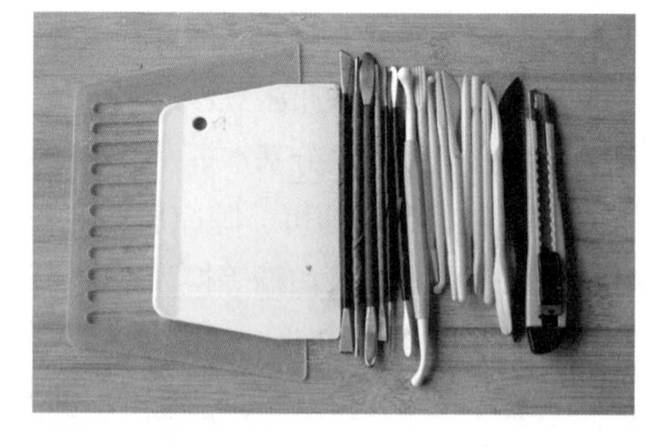

图5–2–1 / 象形玉米原料
图5–2–2 / 象形玉米工具

②甜玉米粒放入料理机中，加少量水，榨汁过滤后煮开。

③调制象形玉米粉团。黄色粉团：澄粉、糯米粉、糖粉倒入容器中，混合均匀，加入沸水和煮沸的甜玉米汁，搓成雪花面，最后加入猪油揉制成团。绿色粉团：澄粉、糯米粉、糖粉、抹茶粉倒入容器中，混合均匀，加入沸水，搓成雪花面，最后加入猪油揉制成团（图5–2–3）。

④搓条、下剂，均匀分成10只剂子。（图5–2–4）。

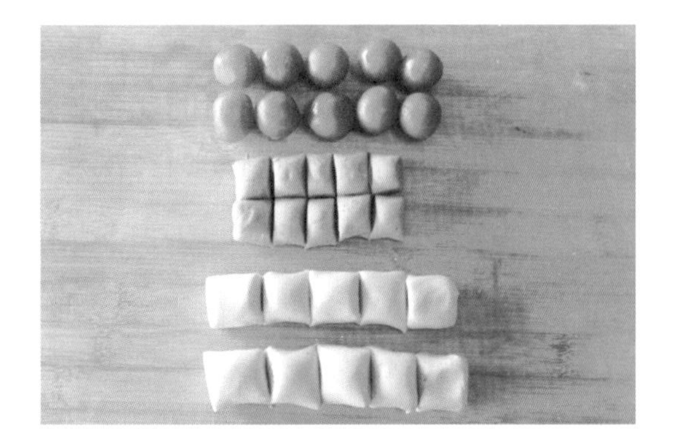

图5-2-3/粉团
图5-2-4/剂子、馅心

⑤黄色剂子按扁，包入豆沙馅，收口后搓成圆锥形（图5-2-5）。

⑥用刀状工具笔在圆锥正面刻划数道直纹，再刻划横纹（图5-2-6）。

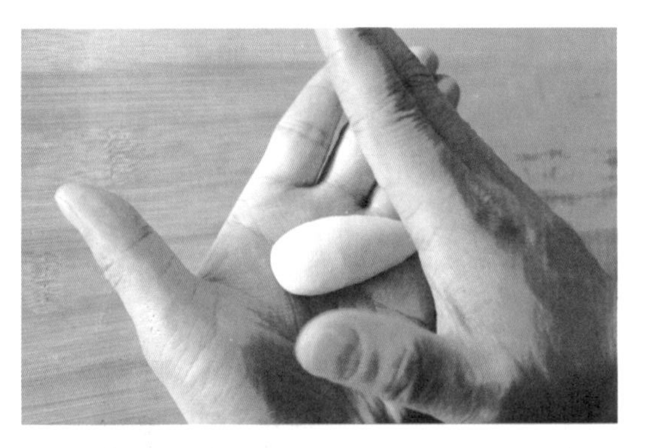

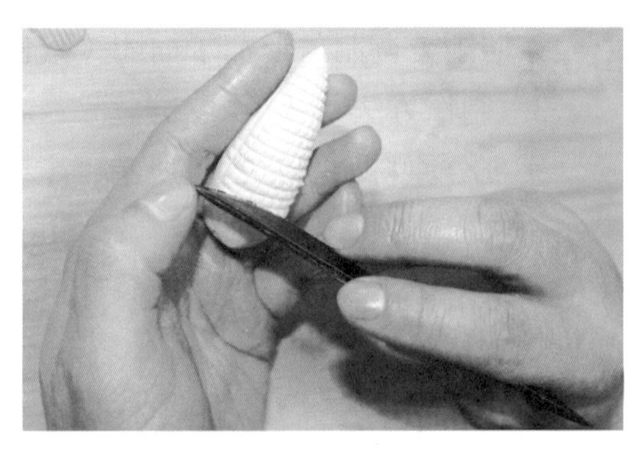

图5-2-5/包馅、成形
图5-2-6/刻划条纹

⑦取绿色剂子搓成细长圆锥形，压扁、擀平后，用面刮板压出叶子纹路（图5-2-7）。

⑧在条纹的两侧装上做好的玉米叶子（图5-2-8）。

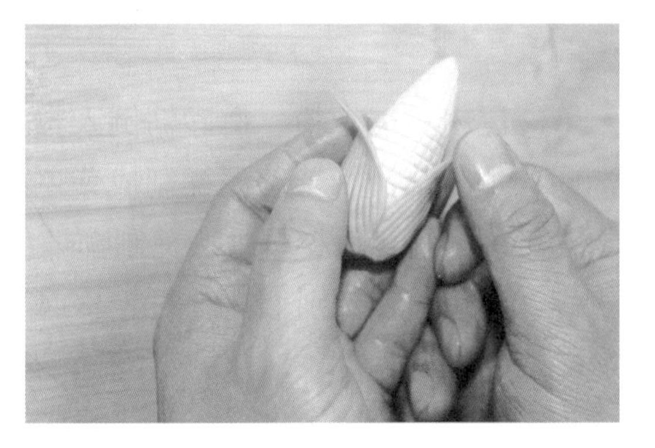

图5-2-7/制作叶子
图5-2-8/组装叶子

⑨将制好的象形玉米生坯（图5-2-9）蒸制7~8分钟。

⑩出笼，刷油，装盘（图5-2-10）。

图5-2-9/象形玉米生坯
图5-2-10/象形玉米成品

4. 操作要求

①控制好澄粉和糯米粉的比例，澄粉越多，成品越透明。

②要做到条纹的间距均匀，深浅一致。

③注意玉米的叶子不同于一般蔬菜的叶子，叶脉是直线形的。

象形茄子的制作

1. 训练原料

澄粉150克，糯米粉150克，白砂糖80克，紫薯泥80克，可可粉适量，莲蓉馅心适量，猪油适量，青菜汁适量等。

2. 训练内容

按照配方调制象形茄子面团（紫色、咖啡色各一），制作象形茄子。

3. 制作方法

①部分原料如图5–2–11所示，主要工具如图5–2–12所示。

图5–2–11 / 象形茄子原料
图5–2–12 / 象形茄子工具

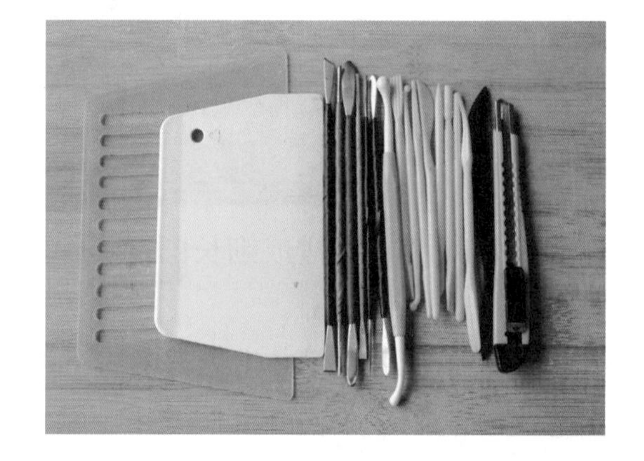

②澄粉、糯米粉、白砂糖倒入容器中，混合均匀，用沸水烫熟、揉匀，待稍凉时，加入猪油、紫薯泥揉制成紫色粉团。青菜汁过滤、煮沸，加入澄粉、糯米粉与可可粉混合的粉料中，烫制咖啡色粉团（图5–2–13）。

③两色粉团分别下剂（图5–2–14）。

图5–2–13 / 粉团
图5–2–14 / 剂子、馅心

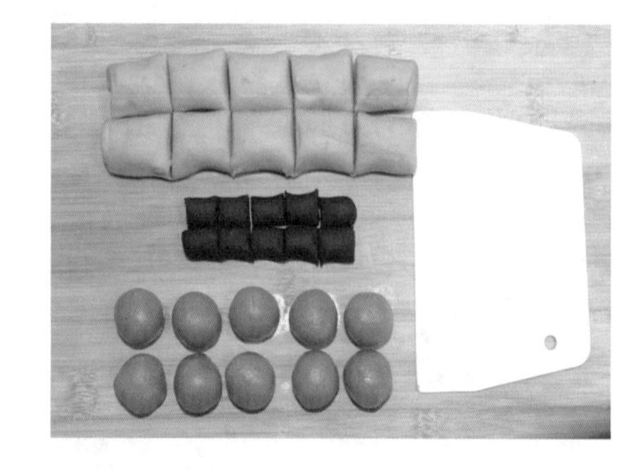

④取紫色剂子包入馅心，先搓成锥形，再捏成茄子形状（图5–2–15）。

⑤咖啡色剂子搓成梭形，一头剪出4角，捏出茄蒂（图5–2–16）。

图5-2-15/包馅、成形
图5-2-16/茄蒂

⑥组装茄蒂，制成象形茄子生坯（图5-2-17）。上笼，旺火蒸制6~7分钟。

⑦取出，刷油，装盘即可（图5-2-18）。

图5-2-17/象形茄子生坯
图5-2-18/象形茄子成品

4. 操作要求

①茄子的色彩深浅要把握准确，否则达不到逼真的效果。

②把握好茄子的形状，搓成上小下大的条状。

③茄蒂要紧贴茄子固定，尽量少将蒂尖翻翘。

想一想

1. 制作粮蔬类船点时如何让制品栩栩如生？如何掌握面点配色方法？如何巧用纯天然着色法调制各色粉团？

2. 制作象形玉米时可用玉米粉代替玉米汁吗？或者，可以用玉米粉和澄粉、糯米粉掺和，再加入适量吉士粉，配成粉团的粉料吗？请试一试。

拓展训练

象形荸荠的制作

1. 训练原料

澄粉200克，糯米粉100克，白砂糖50克，可可粉10克，红曲米粉适量，细甜豆沙馅100克，青菜适量，猪油适量等。

2. 训练内容

按照配方调制象形荸荠粉团（棕红色、咖啡色和白色各一），制作象形荸荠。

3. 制作方法

①部分原料（已制作青菜汁）如图5-2-19所示，主要工具如图5-2-20所示。

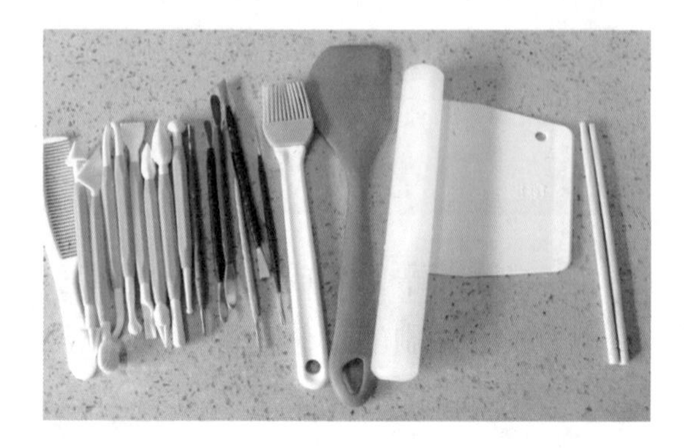

图5-2-19/象形荸荠原料
图5-2-20/象形荸荠工具

②澄粉、糯米粉、白砂糖倒入容器中，混合均匀，用沸水烫制，迅速搅拌，待稍凉后，加入猪油揉成粉团（图5-2-21）。

③青菜切碎，放入料理机中，加少许水，搅打成青菜汁，过滤待用（图5-2-22）。

图5-2-21/揉制粉团
图5-2-22/青菜汁

④将粉团分成3份，留少量白色粉团做装饰用，取适量粉团加少许可可粉揉成咖啡色粉团，剩下的粉团加少许红曲米粉和青菜汁，调制成棕红色粉团（图5-2-23）。

⑤将棕红色粉团搓条，均匀分成10只剂子。将细甜豆沙馅搓条分成10条。把剂子按成直径约8厘米的圆皮，包入馅心（图5-2-24），收口捏拢成圆球，翻转朝下，按成扁圆形。

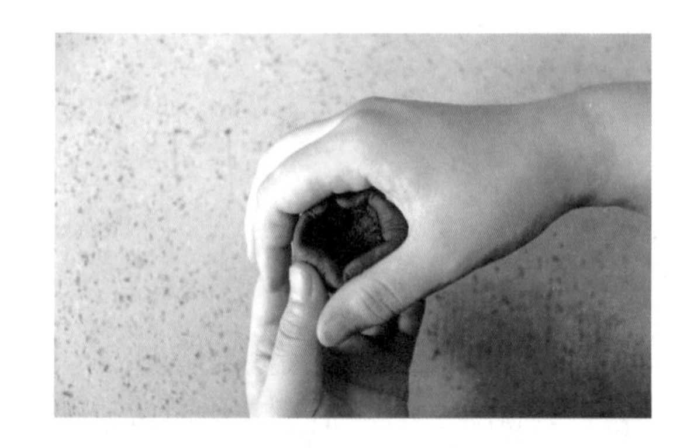

图5-2-23/粉团
图5-2-24/包馅

⑥用弯头状工具在扁圆剂子中部和上部各压一圈凹痕，取少量咖啡色粉团揉成细长条，沿凹痕线粘上，成箍（图5-2-25）。

⑦用球形工具笔在顶部中间压出凹陷，取少量白色和咖啡色粉团，搓成大小各异的细芽，蘸水粘上，做成荸荠芽子（图5-2-26）。

图5-2-25/粘箍
图5-2-26/粘荸荠芽子

⑧在箍周围用球形工具笔自然按压出几个小凹陷，装上白色细芽成象形荸荠生坯（图5-2-27）。

⑨将制好的象形荸荠生坯蒸制8分钟（图5-2-28）。

图5-2-27/象形荸荠生坯
图5-2-28/蒸制

⑩出笼，刷油，装盘（图5-2-29、图5-2-30）。

图5-2-29/刷油
图5-2-30/象形荸荠成品

4. 操作要求

①荸荠上下两条箍要搓得细且均匀。

②细芽要安插到位，芽尖竖起 。

③荸荠芽子的咖啡色要调制得深一些。

学习与巩固

判断以下说法是否正确。（正确的打“√”，错误的打“×”。）

1. 黑色面团除用黑色色素外，还能用黑米酱来调制。（ ）

2. 象形茄子蒂的制作方法与草莓蒂、叶的制作方法相同。（ ）

3. 象形茄子若采用熟的紫薯粉制作，效果比用紫薯泥好，成品外形会更逼真，口感会更细腻。（ ）

4. 澄粉中掺糯米粉，调制时是将澄粉与糯米粉混合后烫熟揉匀的。（ ）

学习感想

____

____

____

任务三 动物类船点的制作

任务情境

制作动物类船点时根据不同动物掺入不同颜色的色素或蔬菜汁，将粉团捏成不同形态、精巧玲珑的各式动物。其馅心一般采用火腿、葱油、鸡肉、猪肉、牛肉、虾仁等咸馅。

任务目标

①了解咸馅的品种，学习咸馅的调制和搭配。

②学会常用动物类船点的制作方法。

③掌握粉团粉料配比原则。

④掌握船点的成熟方法。

⑤能在实例品种的基础上进行相应的技术创新。

面点工作室

动物类船点大多采用咸馅，以肉类为主，素菜馅使用较少。这是因为素菜馅较松散，包制馅心后生坯在蒸制过程中形状易发生变化，所以动物类船点多采用肉类馅心，以保持造型。

猪肉馅：夹心肉绞成泥，加盐、酱油、料酒、香油、淀粉、葱花、姜末搅拌均匀，冷藏备用。

虾仁馅：鲜虾去壳、去头，剥成虾仁，取3/4虾仁用刀面压成虾茸，待用。肥膘肉下沸水锅烫制成熟，冷水浸凉，切成细丁。另取1/4虾仁下沸水锅烫熟，切成细丁，待用。笋去壳、切片，入沸水锅煮3分钟后用冷水冲凉，切末。将虾茸加盐搅拌起胶后，加入肥膘肉丁、熟虾仁丁、笋末、料酒、鸡精拌匀，冷藏备用。

鸡肉馅：鸡脯肉剁成泥，加适量盐、白胡椒粉、鸡精、料酒、酱油、葱花、淀粉搅拌均匀，冷藏备用。

菜肉馅：蔬菜择洗干净，焯水后剁碎，挤去多余水分，加入猪肉末、姜末、鸡精、盐、料酒、猪油等搅拌均匀，冷藏备用。

三鲜馅：水发海参、大虾切末，水发干贝搓散、撕成丝，装入盆内，再加入猪肉末，加姜末、葱花、鸡精、盐、料酒、香油等搅拌均匀，冷藏备用。

行家点拨

动物类船点制作要点

动物的形态要生动，可通过头、颈的不同角度和身体姿势制成形态各异的船点。

澄粉的比例要适当。过少，面皮成熟后韧性差，软烂；过多，面皮韧性强，口感不爽滑。

动物类船点制作要做到大小均匀、形象逼真、皮薄馅多、透明适中、爽滑味鲜。

任务实施

象形白鹅的制作

1. 训练原料

澄粉150克，糯米粉150克，猪油15克，胡萝卜适量，咖啡色粉团少许，猪肉馅100克等。

2. 训练内容

按照配方调制象形白鹅粉团（白色和红色各一），制作象形白鹅。

3. 制作方法

①胡萝卜煮熟、切末，放入料理机中，加少量清水，绞成泥后取出备用。

②调制象形白鹅粉团。白色粉团：澄粉、糯米粉倒入容器中，混合均匀，加入沸水烫成雪花面，再加入猪油揉制成团。红色粉团：澄粉、糯米粉倒入容器中混匀，加入沸水烫成雪花面，最后加入猪油、胡萝卜泥揉制成团。

③粉团搓条、下剂，均匀分成10只剂子。猪肉馅调味后冷藏备用（图5-3-1）。

④剂子按扁，包入猪肉馅，收口后包成圆形（图5-3-2）。

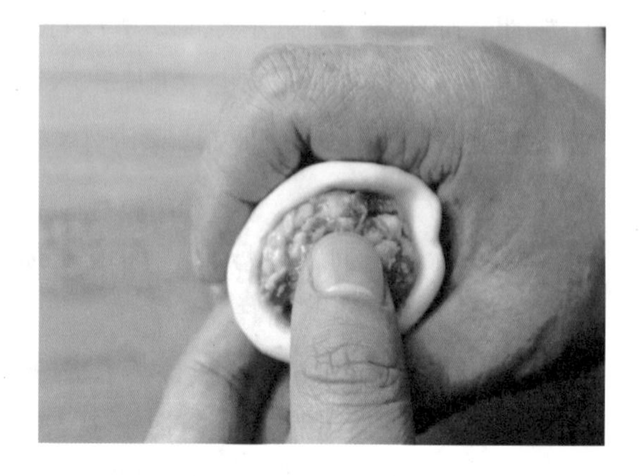

图5-3-1/剂子、馅心
图5-3-2/上馅

⑤收口处搓出长条，捏成白鹅的头、颈，中部捏出身体（图5-3-3）。

⑥在身体后部捏出尾巴，用工具笔压出尾部羽毛纹路（图5-3-4）。

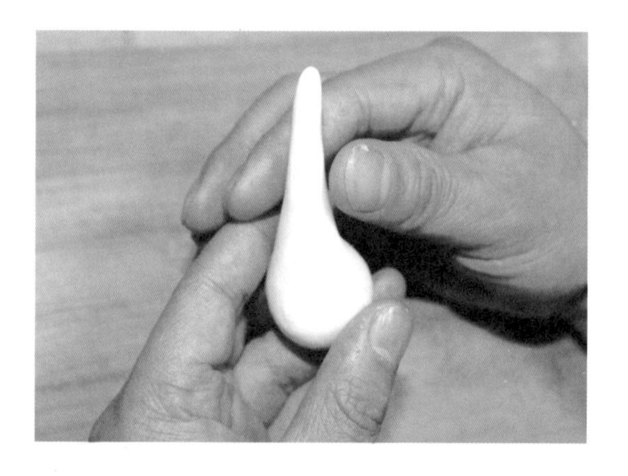

图5-3-3/捏出头、颈、身
图5-3-4/压出尾部羽毛纹路

⑦取胡萝卜粉团捏出白鹅嘴（图5-3-5）。

⑧另取两小块白色粉团搓圆、压扁，剪出翅膀的形状，用工具笔压出翅膀的纹路（图5-3-6）。

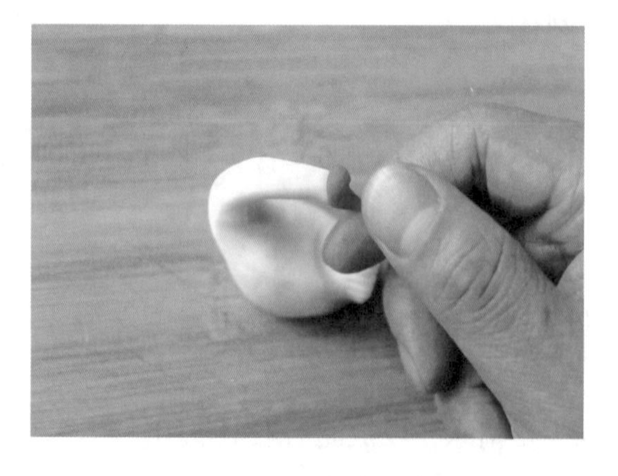

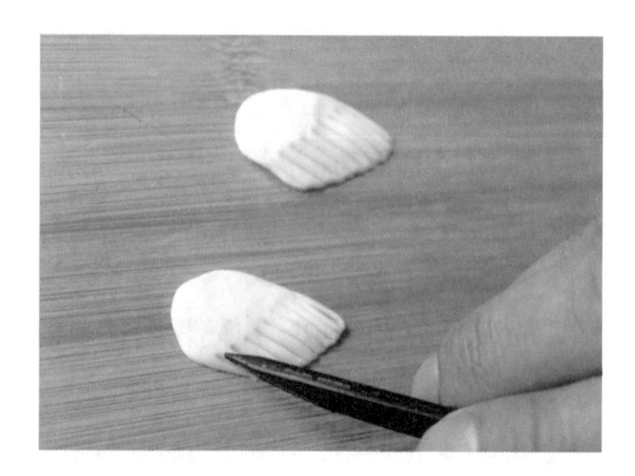

图5-3-5/组装白鹅嘴
图5-3-6/压出翅膀纹路

⑨用两粒咖啡色粉团做眼睛，将制好的象形白鹅生坯蒸制7~8分钟（图5-3-7）。

⑩出笼，刷油，装盘（图5-3-8）。

图5-3-7/蒸制
图5-3-8/象形白鹅成品

4. 操作要求

①白鹅的形态要生动逼真，通过头、颈的不同角度和翅膀的姿态制作形态各异的象形白鹅。

②要做到刻纹的间距均匀、深浅一致。

③象形白鹅的眼睛也可用黑芝麻制作。

想一想

1. 制作象形白鹅时常遇到蒸制成熟后鹅颈耷下或歪斜的问题，如何解决？是否可以在制作和蒸制两个阶段进行调整，如何调整?

2. 咸馅调制过程中能将馅料切成粒状吗？如果馅料中夹入粒状原料，成品会受何影响?

拓展训练

象形小猪的制作

1. 训练原料

澄粉150克，糯米粉150克，猪油15克，红色色素少许，糖粉、可可粉适量，猪肉馅100克。

2. 训练内容

按照配方调制象形小猪粉团（粉红色、咖啡色各一），制作象形小猪。

3. 制作方法

①调制象形小猪粉团。粉红色粉团：澄粉、糯米粉倒入容器中，混合均匀，加入沸水烫成雪花面，再加入猪油和一滴红色色素揉制成团。咖啡色粉团：澄粉、糯米粉、糖粉、可可粉倒入容器中，混合均匀，加入沸水烫成雪花面，再加入适量猪油揉制成团。

②搓条、下剂，均匀分成10只剂子。猪肉馅调味后冷藏备用（图5-3-9）。

③剂子按扁，包入猪肉馅，收口后包成圆筒状（图5-3-10）。

图5-3-9/剂子、馅心
图5-3-10/上馅

④取一小块粉红色粉团搓成椭圆形，稍按扁，贴在圆筒状的一头做猪鼻，再用工具笔戳出两个圆孔（图5-3-11）。

⑤取两小块粉红色粉团捏成三角片，用工具笔在猪头部戳两道凹痕（图5-3-12）。

图5-3-11/戳出圆孔
图5-3-12/戳出凹痕

⑥插入三角片，捏出猪耳朵的形态，取咖啡色面团做出眼睛并贴上，再用凹槽状工具笔戳出猪嘴（图5-3-13）。

⑦取小块粉红色粉团搓出细长条，卷制成猪的尾巴（图5-3-14）。

图5-3-13/戳出猪嘴
图5-3-14/卷制尾巴

⑧将制好的象形小猪生坯蒸制7~8分钟（图5-3-15）。

⑨出笼，刷油，装盘（图5-3-16）。

图5-3-15/蒸制
图5-3-16/象形小猪成品

4. 操作要求

①象形小猪要求大小均匀、形态一致，形态要憨态可掬。

②象形小猪的耳朵、眼睛和尾巴都必须用工具笔戳出凹痕，再将部件固定上去。

③粉团粉料要调配合理，以免成品过于透明。

相关链接

化学合成色素的调色原则

化学合成色素较天然色素色彩鲜艳、性质稳定、使用方便、成本低廉，但因其过量使用对人体有害，所以我国的食品卫生标准对使用化学合成色素有严格规定。配置溶液浓度以1%~10%为宜。若用化学合成色素调制粉团，应遵循以下原则：

先调制浅色粉团，后调制深色粉团，以免相互混色；

调色时尽量不要直接用手接触色素或在木案上调制。

合成色素配色规律如下所示。

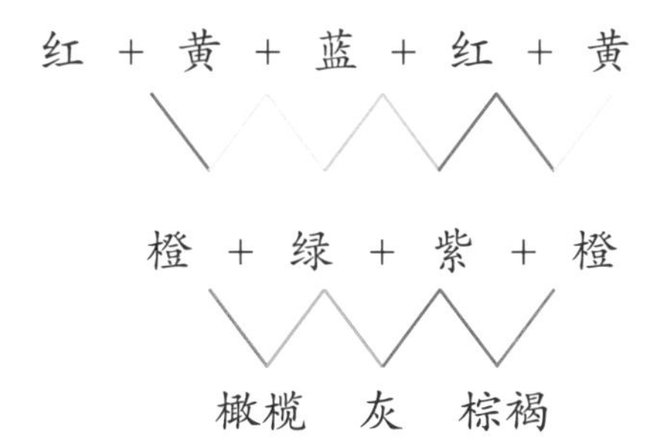

学习与巩固

选择以下正确的选项。（选项包括单选和多选。）

1. 动物类船点大多采用咸馅包制，面团调制过程中可适当加（　　）调味。

A. 料酒　　B. 鸡精　　C. 盐　　D. 糖

2. 船点制作的成形技法很多，有哪些？（　　）

A. 切　B. 捏　C. 搓　D. 剪　E. 擀　F. 夹

3. 以下馅料中不属于动物类船点制作时使用的咸馅的是（　　）。

A. 猪肉馅　B. 流沙馅　C. 虾仁馅　D. 火腿馅

学习感想

____

____

____

任务四　植物类面塑的制作

任务情境

面塑，俗称面花、花糕、捏面人，广泛流传于民间，它以面粉、糯米粉为主要原料，蒸熟后，调成不同的颜色，用手和简单的工具，塑造出各种栩栩如生的形象。据史料记载，中国的面塑艺术早在汉代就已有文字记载，经过几千年的传承和经营，可谓是历史源远流长，早已是中国文化和民间艺术的一部分，也是研究历史、考古、民俗、雕塑、美学不可忽视的实物资料。就捏制风格来说，黄河流域古朴、粗犷、豪放、深厚；长江流域却是细致、优美、精巧。在制作各种中式象形点心时，可运用面塑制作中的构思和挤、压、挑、镶、擀、刮等技法，使造型更精致，品种更丰富。在菜点的围边点缀中，面塑栩栩如生的艺术造型和丰富多彩的视觉呈现，能进一步点缀菜肴，美化宴席，烘托气氛，使人们得到物质和精神的双重享受。

植物类面塑，因其颜色艳丽、造型逼真、能赋予美好的愿望而深受人们的喜爱，在菜肴盘饰中应用广泛，对菜肴能起到画龙点睛的作用。这类面塑一般以各种花卉配以适当的绿叶为主，如荷花、牡丹花、梅花、玫瑰花等。

任务目标

①了解面塑的相关知识。

②掌握面塑面团的调制方法。

③学会制作几款植物类面塑。

面点工作室

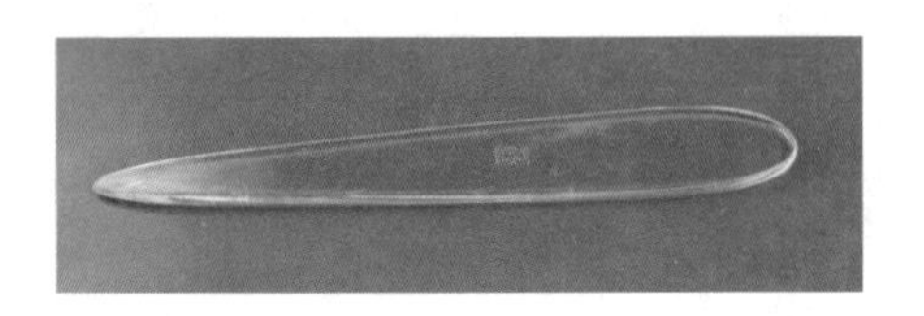

图5-4-1/主刀

一、面塑工具及功能

主刀（图5-4-1）：

主要用于塑造作品的轮廓，通过挤压使面塑造型突起。

压板（图5-4-2）：

主要将面压成片状，也可将面片切断。

割刀（图5-4-3）：

主要用于割、刮面片或将细小的面挑起。

开眼刀（图5-4-4）：

主要用于开眼睛、嘴巴，粘眉毛、眼线、胡子等。

圆棍（图5-4-5）：

主要用于接口压合，皱褶、眼窝处理，或将面擀平。

图5-4-2/压板

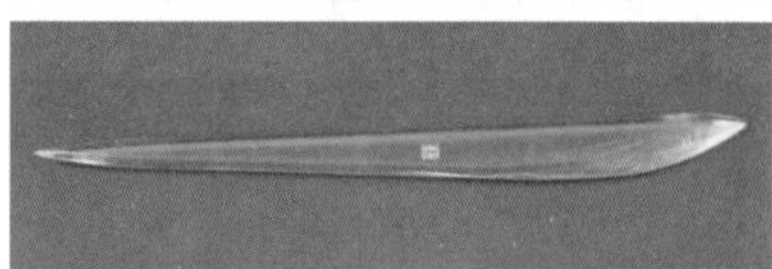

图5-4-3/割刀

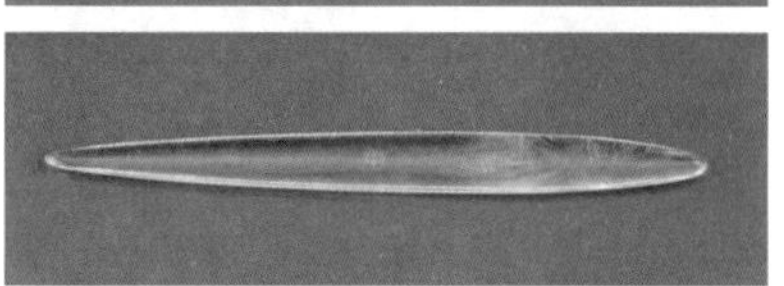

图5-4-4/开眼刀

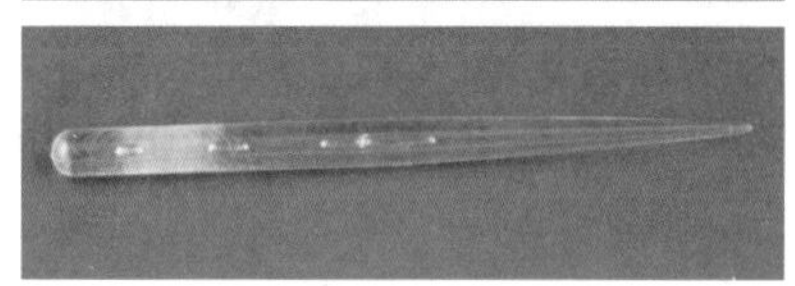

图5-4-5/圆棍

二、面塑面团的调制

调制比例：高筋粉1 000克、糯米粉100克，苯甲酸钠120克，食用甘油120克，白糖30克，水800克。

调制过程：①高筋粉与糯米粉搅拌均匀。②水中加入苯甲酸钠、食用甘油、白糖，搅拌至溶解。③将溶液全部倒入面粉中，用搅拌机搅拌约12分钟。④将搅拌好的面分成10份，装入保鲜袋中，压成饼状，上蒸笼小火蒸40分钟左右即可。

面团着色：蒸好的面团凉透后直接加入食用色素反复揉搓均匀即可。

行家点拨

添加剂的作用

苯甲酸钠：主要作用是防止面团变质。

食用甘油：主要作用是防止开裂。

白糖：主要作用是保湿、防止开裂。

面团调制要点

面粉搅拌时间不能太长，否则筋性太大，制作时不宜塑形；蒸的时间不宜太长，否则面团蒸好后易发硬。

任务实施

玫瑰花的制作

1. 训练原料

粉红色、绿色面团。

2. 训练内容

按过程制作玫瑰花。

3. 制作方法

①原料及工具如图5-4-6所示。

②将粉红色面团搓成条，用压板切成大小均匀的13块（图5-4-7）。

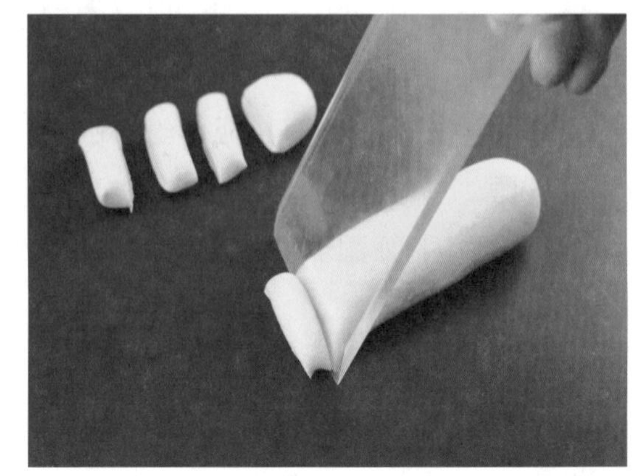

图5-4-6/玫瑰花原料、工具
图5-4-7/切块

③将切好的面块搓圆（图5-4-8）。

④将其中一块搓成花苞形状（图5-4-9）。

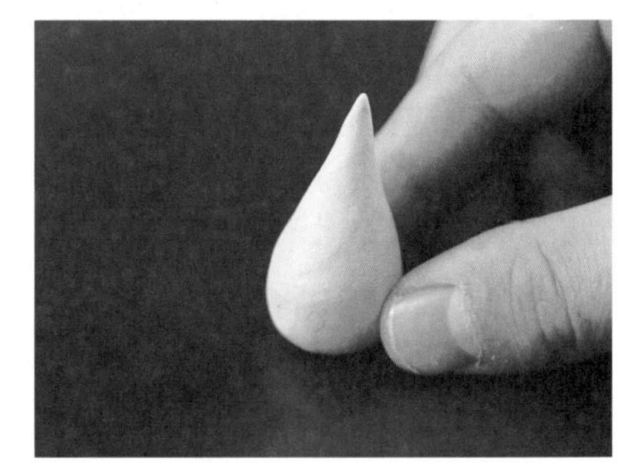

图5-4-8/搓圆
图5-4-9/搓花苞

⑤其余用压板压成薄片（图5-4-10）。

⑥将压好的薄片包在花苞上（图5-4-11）。

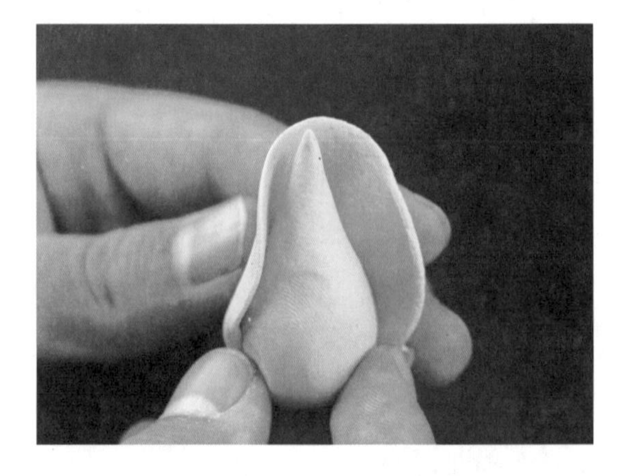

图5-4-10/压薄片
图5-4-11/包花苞

⑦连续绕着花苞一直往外包花瓣，从第4瓣开始用手指按一下花瓣顶端，使花瓣略微往外翻（图5-4-12）。

⑧连续包3~4层（图5-4-13）。

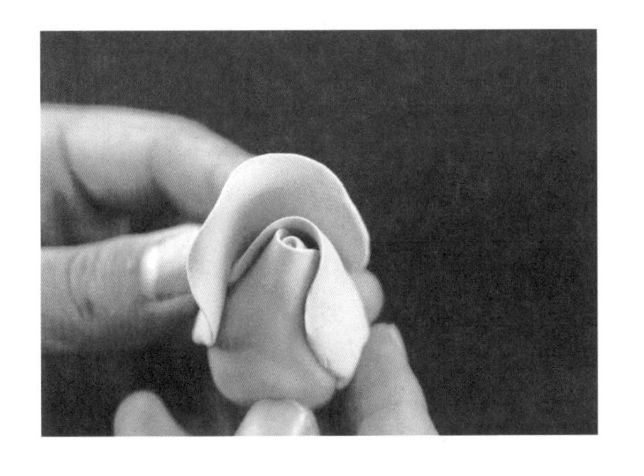

图5-4-12/按花瓣顶端
图5-4-13/包3~4层

⑨在做好的花旁边点缀上叶子、藤蔓（图5-4-14）。

4. 操作要求

①花瓣要薄，花心要包实一些，越包到外层越稀疏。

②花瓣顶端应往外翻卷，花瓣一般包12瓣以上。

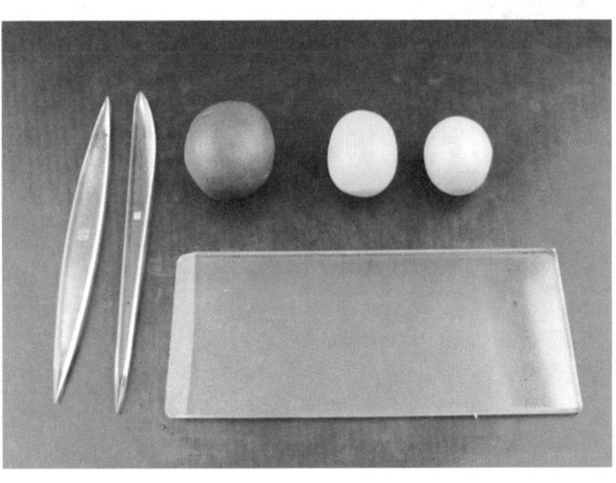

图5-4-14/点缀

想一想

1. 为什么玫瑰花花心要包实一些，外层要包松一些?
2. 玫瑰花除了做成粉红色的，还能做成其他颜色的吗?

拓展训练

梅花的制作

1. 训练原料

粉红色、绿色、棕褐色面团等。

2. 训练内容

按过程制作梅花。

3. 制作方法

①主要原料及工具如图5-4-15所示。

图5-4-15/梅花原料、工具

②先将粉红色面团分成小的颗粒，搓成一头稍尖的椭圆形，用压板压成薄片（图5-4-16）。

③将绿色面团也分成小颗粒，搓

成一头尖的长椭圆形，压成薄片（图5-4-17）。

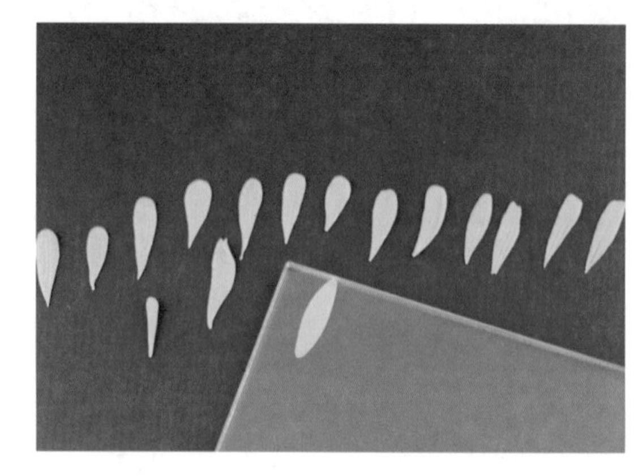

图5-4-16/压薄片
图5-4-17/压薄片

④用铁丝和报纸做成梅花树干骨架，然后在外面包上一层棕褐色面团，塑成梅花树干（图5-4-18）。

⑤在梅花树干上粘上盛开的梅花、花苞和花托（图5-4-19）。

图5-4-18/梅花树干
图5-4-19/粘梅花、花苞、花托

⑥在梅花下面及树干上粘上叶子（图5-4-20）。

图5-4-20/粘叶子

⑦在树干下方粘上塑成的小石头及小草即可（图5-4-21、图5-4-22）。

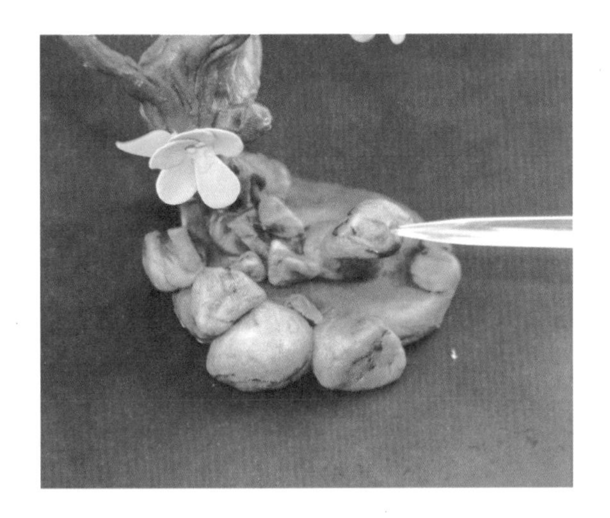

图5-4-21/点缀
图5-4-22/梅花成品

4. 操作要求

①梅花花瓣为5瓣，花蕊用黄色面团制作。

②梅花树干不能做得太光滑，要做得苍老一些。

佳作欣赏

图5-4-23/牡丹花
图5-4-24/月季花

温馨提示

①刚做完的面塑作品含有较多的水分，需要在干燥、阴凉的地方放置一段时间，使其水分蒸发自然干燥，然后变硬。

②变硬的面塑在潮湿的环境中容易吸收水分变软，甚至发霉，将其放在玻璃罩或干燥的环境中可永久保存。

学习与巩固

1. 面塑以________和________为主要原料，制作技法主要有______、______、______、______、______、刮等。

2. 面塑工具根据功能的不同可以分为______、______、______、______、______。

学习感想

______

______

______

任务五　动物类面塑的制作

任务情境

动物类面塑，形象丰富，种类繁多，给人们不同的感受，蕴含不同的寓意，在菜点制作中具有很强的装饰性和观赏性。动物类面塑通过对动物形态的刻画，以形传神，使作品具有欣赏价值的同时又表现出高度的意象美。

任务目标

①了解面塑的相关知识。

②学会制作几款动物类面塑。

面点工作室

面塑制作包括以下四个步骤。

一是选题。

题材是面塑的对象与内容，是面塑创作的先决条件。可根据地方文化、历史典故、个人爱好、客人需求、菜点需求、场合要求等来确定塑造什么样的形象。

二是构思造型。

确定好题材后，选用何种形式来表达主题是接下来的重要环节，要精心选择所要制作的内容，所有内容都应对表达的主题起到烘托的作用。

三是设计造型。

造型的好坏决定着作品的成败，没有造型，艺术性也无从谈起，作品要有感情和神韵，必须要生动真实。要熟悉生活，善于抓住所表现对象的基本特征，制作前可先画一张草图，要注重作品的主次、虚实、疏密等关系，依据艺术需要可适当采用夸张的手法。

四是制作。

确定好上述各要素以后，接下来就是制作。塑造过程要慢工出细活，要把表现的对象塑造得细致入微，同时还要注重色彩的搭配。

任务实施

卡通玩偶的制作

1. 训练原料

灰色、黄色、棕褐色、白色、绿色、黑色面团等。

2. 训练内容

按过程制作卡通玩偶。

3. 制作方法

①部分原料及工具如图5-5-1所示。

②将黄色面团塑成鼓的形状作为底座（图5-5-2）。

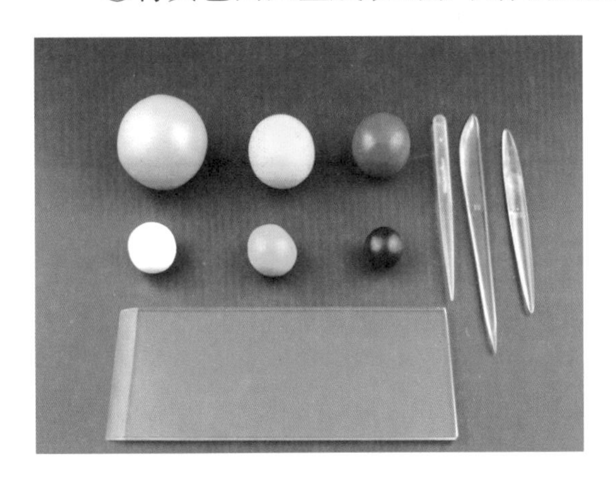

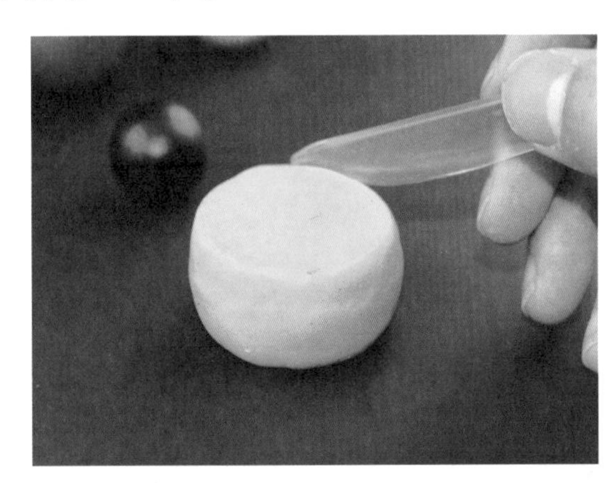

图5-5-1/卡通玩偶原料、工具

图5-5-2/塑底座

③在鼓上装饰上图纹（图5-5-3）。

④取灰色、白色、黑色面团塑出玩偶的身体、眼睛（图5-5-4）。

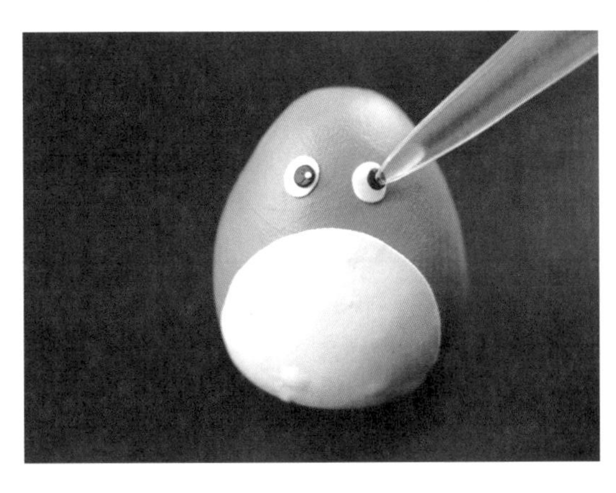

图5-5-3/装饰图纹

图5-5-4/塑身体、眼睛

⑤取黑色、灰色面团塑出玩偶的鼻子、嘴巴和胡须等（图5–5–5）。

⑥取灰色面团，搓成锥形后压扁粘在头顶两侧，塑好耳朵（图5–5–6）。

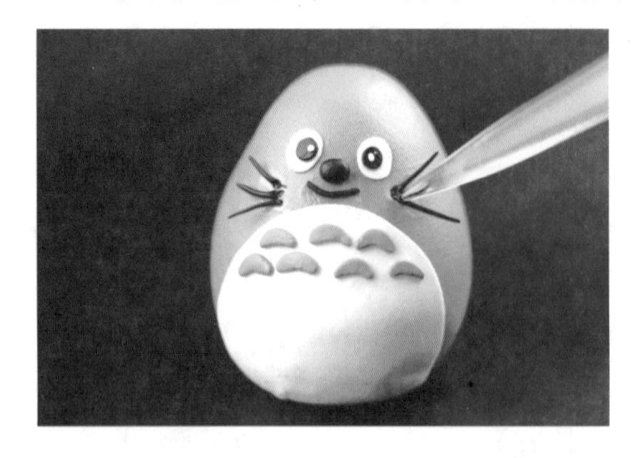

图5–5–5/塑鼻子、嘴巴等
图5–5–6/塑耳朵

⑦再取灰色面团，搓成椭圆形后粘在身体两侧，塑好手（图5–5–7）。

⑧将塑好的玩偶粘在塑好的鼓上（图5–5–8）。

图5–5–7/塑手
图5–5–8/组装

图5–5–9/卡通玩偶成品

⑨再塑一个蓝色的玩偶、小草、鼓槌点缀即可（图5–5–9）。

4. 操作要求

①身体要做得圆，凸显其可爱的样子。

②眼睛、胡须要左右协调、大小一致。

> 想一想
>
> 学会了制作卡通玩偶，你能联想到其他哪些类似的卡通形象？

小兔子的制作

1. 训练原料

黄色、白色、橘黄色、绿色面团等。

2. 训练内容

按照过程制作小兔子。

3. 制作方法

①部分原料及工具如图5–5–10所示。

②取橘黄色、黄色、绿色面团，塑成箩筐、胡萝卜（图5–5–11）。

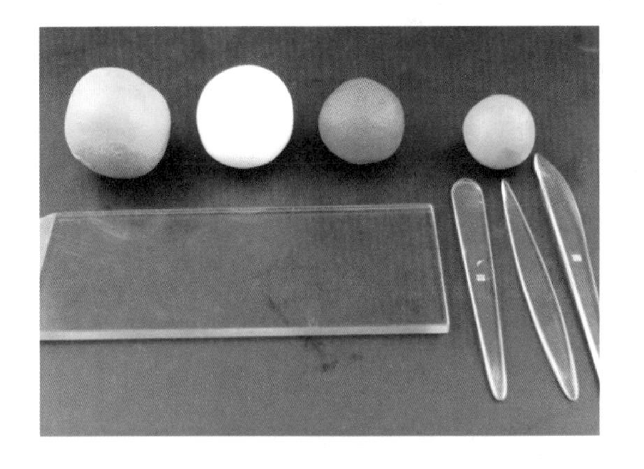

图5–5–10/小兔子原料、工具
图5–5–11/塑箩筐、胡萝卜

③在箩筐的下方点缀上几根胡萝卜（图5–5–12）。

④将塑好的小兔子分别粘在箩筐的两侧（图5–2–13、图5–5–14）。

图5–5–12/点缀胡萝卜
图5–5–13/粘小兔子1

⑤将塑好的小草点缀在箩筐一侧（图5–5–15）。

图5–5–14/粘小兔子2
图5–5–15/点缀小草

4. 操作要求

①胡萝卜、小草、箩筐颜色尽可能接近实物。

②小兔子身体要塑得圆润一些，耳朵要大一些。

佳作欣赏

图5-5-16/凤凰

图5-5-17/翠鸟
图5-5-18/锦鸡

温馨提示

面塑上色有两种方法：

①直接在面团中加入相应的色素，适合制作色彩分明的作品。

②使用未添加色素的面团制作成形后，再上色。

学习与巩固

1. 面塑制作的基本程序是：________→________→________→________。

2. 题材是面塑的__________与__________，是面塑创作的先决条件。可根据__________、__________、__________、__________、__________、场合要求等来确定塑造什么样的形象。

学习感想

____

____

____

项目六　中点风味

项目描述

浙江地区包括杭州、宁波、绍兴、嘉兴、金华、温州等地，各地名点小吃不尽相同，各有特色。例如，杭州小笼包，宁波的汤圆、龙凤金团，绍兴霉干菜肉包，嘉兴肉粽，金华酥饼，都是全国著名的点心。

小张是一名烹饪班学生，喜欢收集各地名点名小吃，常与同学、老师聊起品尝过的点心，颇让同学们羡慕。

项目分析

浙江各地点心小吃多不胜数。仅以宁波为例，有宁波“十大名点”，还有各县、市区的家乡小吃。传承地方文化，学习地方名点，新一代面点师必须学习制作家乡的著名点心。

推动地方面点发展，振兴乡村经济，共同奋斗创造美好生活，不断实现人民对美好生活的向往。

项目目标

①了解浙江各地名点的历史渊源。

②熟悉浙江各地知名面点。

③掌握5~6种名点的制作工艺和制作方法。

④培养热爱家乡、促进区域文化发展的思维和能力。

项目实施

任务一　杭州小笼包的制作

任务情境

杭州小笼包以知味观的为代表。杭州知味观的“鲜肉小笼包”，皮薄馅大，汁多味鲜。要做到皮薄馅大是有秘诀的：在面粉中加适量的盐，加水调制，揉成光洁的面团，可使面团在延伸或膨胀时不易断裂；馅心多汁不易包捏成形，可在馅心调制好后冷藏片刻，使油和水分都凝固，然后上馅包捏。这样蒸熟后的小笼包具有汁多鲜香、皮薄滑韧的特点。

任务目标

①了解杭州小笼包馅心的制作方法。

②掌握杭州小笼包的制作方法。

面点工作室

杭州小笼包，起源于北宋开封的灌汤包，于南宋时期随宋室南渡来到杭州，之后在江南地区发扬光大。杭州人又称小笼包为小笼馒头。这个称谓与《三国演义》中“祭泸水汉相班师”的情节有关。相传，诸葛亮率兵征伐孟获，七擒七纵。班师时部队到达泸水，忽狂风阴云，浪高水急，兵不能渡。当地人迷信，要诸葛亮用49颗人头祭河。诸葛亮听后，深感战后不能再杀人，即命令下属宰杀牛马取馅，包入面团中，塑成人头形，名为“馒头”。此后，把“包子”称为“馒头”，逐渐成为杭州地区人们的一种习惯说法。

行家点拨

杭州小笼包制作要点

熬制皮冻时要小火慢熬。

杭州小笼包要求每个不低于14个褶，形如荸荠，小巧玲珑。

经调制而成的馅心应该放在冰箱内冷藏。

任务实施

杭州小笼包的制作

1. 训练原料

面皮：面粉250克，水125毫升，盐2克，色拉油20毫升。

馅料：肥膘肉100克，夹心肉200克，皮冻180克，水80毫升，酱油12毫升，盐2克，味精2克，鸡精4克，白糖2克，姜末3克，胡椒粉0.5克。

2. 训练内容

按照要求调制馅心，练习小笼包的制作。

3. 制作方法

①杭州小笼包部分面皮原料如图6–1–1所示。

图6–1–1/杭州小笼包皮面原料

②制作馅心。将肥膘肉、夹心肉、酱油、盐、味精、鸡精、白糖、姜末搅打上劲，分三次将水打入肉馅中，最后加入皮冻与胡椒粉拌匀后冷藏待用（图6–1–2）。

③将250克面粉、2克盐搅拌均匀加入125毫升水和20毫升色拉油，调成面团（图6–1–3）。搓条、下剂，每个剂子约10克，按扁，擀成中间厚、周围薄的圆形面皮，逐个挑入20克馅心（图6–1–4）。

图6–1–2/馅心冷藏待用
图6–1–3/面团

④将面皮轻轻拉起折褶，收口时中间留有小洞（图6–1–5）。

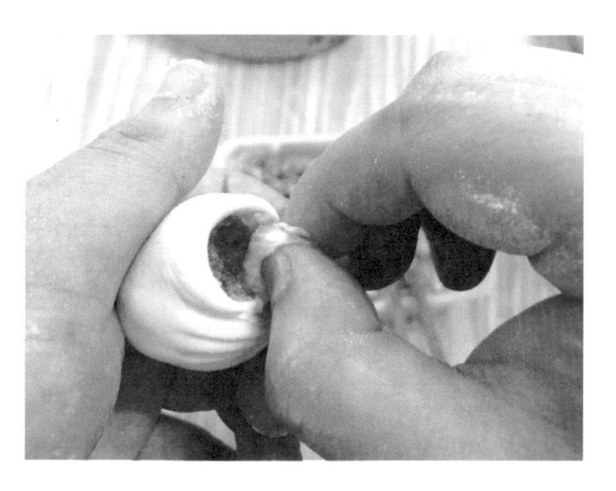

图6–1–4/上馅
图6–1–5/包制

⑤将包好的杭州小笼包生坯放入蒸笼中用旺火沸水猛汽蒸8分钟（图6–1–6），出笼（图6–1–7）。

图6–1–6/蒸制
图6–1–7/杭州小笼包成品

4. 操作要求

①面皮要擀成直径约5厘米，中间厚、周围薄，包制时皮不可破。

②调制馅心时要搅拌上劲，否则易松散。

③掌握好蒸制时间，一般8~10分钟为宜。

想一想

1. 杭州小笼包与鲜肉中包包制的区别在哪里？
2. 请查找资料，小笼包的代表品种有哪些？

拓展训练

南方大包的制作

南方大包，选用精白面粉经发酵后制皮，用鲜猪前腿肉、皮冻（或豆沙、麻心、青菜）等做馅包成后上大笼用急火蒸成。一般500克面粉做9个南方大包。南方大包吸取了南、北方各种包子的特点，由于它无宗派，故称“迷宗大包”。南方大包洁白饱满，吃口松软，富有弹性。

面皮：低筋粉500克，干酵母5克，泡打粉5克，绵白糖40克，水250毫升，猪油适量。

馅料：五花肉末500克，盐3克，酱油10毫升，鸡精4克，味精4克，澄粉2克，皮冻100克，生姜50克。

将低筋粉倒入和面机，加入干酵母、绵白糖、猪油、泡打粉用中速搅拌，再慢慢加入水，调成发酵面团。将发酵面团用高速压面机压至上劲、光洁、细腻。将面团搓成条，切成每只重50克的剂子（图6–1–8）。将剂子不断揣压，使胚皮更紧密细腻，成中间厚、周围薄，直径约10厘米的面皮。馅心原料拌匀，不需要上劲，以免成品肉质紧实，口感太硬。一只手托皮，一只手挑入馅心，拇指往前走，拇指与食指同时捻开逐渐收口，采用提褶法收拢剂口，提褶不少于18个。南方大包生坯如图6-1-9所示。

图6-1-8/剂子
图6-1-9/南方大包生坯

蒸制之前检查生坯是否变大，用手指按压表皮看是否会反弹，若反弹则可将生坯上笼蒸制。在蒸的过程中火不宜太大，不然容易蒸至萎缩。一般蒸制12分钟左右，出笼，装盘（图6-1-10、图6-1-11）。

图6-1-10/南方大包成品1
图6-1-11/南方大包成品2

学习感想

______

______

______

任务二　宁波汤圆的制作

任务情境

宁波汤圆始于宋元时期，距今已有700多年的历史，它用当地盛产的水磨糯米粉做成皮。猪板油剔筋、膜，切末斩碎，放盆中加白糖、芝麻粉拌匀揉透，搓成猪油芝麻馅心。糯米粉加水拌和揉搓成光洁粉团，捏成酒盅形，放入馅心，收口搓圆成汤圆。锅内水烧沸，放入汤圆煮3分钟，待汤圆浮起时加入少量冷水，并用勺推动以防粘锅。再稍煮片刻，待馅心成熟，汤圆表皮呈玉白色，有光泽时，连汤舀入碗中，加入白糖，撒上糖桂花即成。

任务目标

①了解宁波汤圆馅心的制作方法。

②掌握宁波汤圆的制作方法。

面点工作室

汤圆（元宵），又称为汤团。农历正月十五是元宵节，也叫元夜。吃汤圆（元宵）是元宵节的习俗，意喻团团圆圆、平平安安。宁波汤圆已被列入宁波非物质文化遗产名录。

行家点拨

宁波汤圆制作要点

①糯米粉采用水磨糯米粉，滑、爽、细。

②调制好的粉团用湿布盖上，防止风干。

③沸水下锅，煮制时需点冷水，防止沸水冲破汤圆，破馅。

任务实施

宁波汤圆的制作

1. 训练原料

糯米粉500克，水250毫升，炒好的黑芝麻250克，猪板油200克，绵白糖200克，糖桂花少许。

2. 训练内容

图6-2-1/宁波汤圆原料

按照要求自行调制猪油芝麻馅心，练习制作宁波汤圆。

3. 制作方法

①部分原料如图6-2-1所示。

②制作猪油芝麻馅心。将炒好的黑芝麻碾成粉末，猪板油用手撕成小块，将芝麻粉、绵白糖、小块猪板油混合揉成馅，制成每块约10克的馅心（图

6-2-2）。

③500克糯米粉加入250克水，调成粉团（图6-2-3）。搓条、下剂，每只剂子约重20克，包入猪油芝麻馅心（图6-2-4）。

图6-2-2/猪油芝麻馅心
图6-2-3/糯米粉团

④搓圆，待用（图6-2-5）。将适量水烧开，下入汤圆，再次烧开后，点水3~4次，待汤圆成熟浮起，出锅（图6-2-6）。

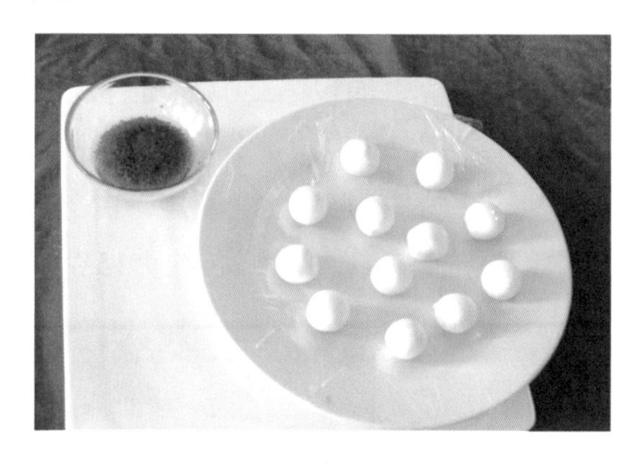

图6-2-4/上馅
图6-2-5/汤圆生坯

⑤将煮好的汤圆装入汤碗，撒上糖桂花即可（图6-2-7、图6-2-8）。

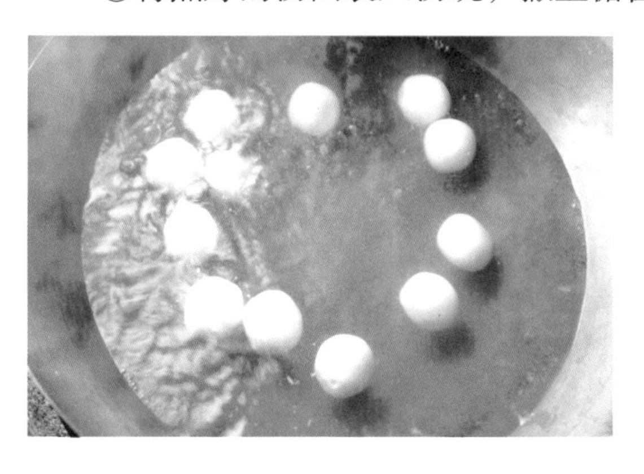

图6-2-6/煮制
图6-2-7/宁波汤圆成品1

4. 操作要求

①馅心中芝麻需炒香，碾成碎末。

②包制成形时，注意馅心位于汤圆正中，煮制时不出现漏馅现象。

③掌握好煮制时间。

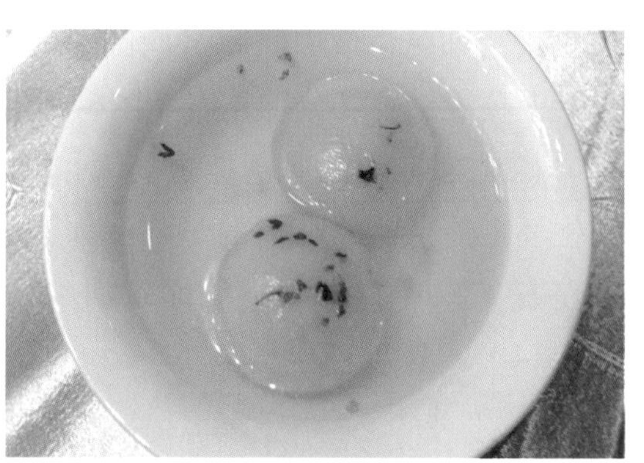

图6-2-8/宁波汤圆成品2

想一想

1. 猪油芝麻馅心还可以用于制作哪些面点?
2. 宁波“十大名点”指哪些?

拓展训练

水晶油包的制作

水晶油包，宁波“十大名点”之一，是一种甜包。水晶油包的面皮需选精白面粉，经过发酵成面团，揉搓均匀后切成剂子制成。馅心的原料比较讲究，选肥厚的猪板油，去筋、膜，掺和绵白糖，制成颗粒状，与多种坚果仁、白芝麻磨成的粉揉成馅心。

水晶油包的原料包括：低筋粉500克，干酵母8克，泡打粉3克，绵白糖20克，猪油2克，油包馅350克（猪板油、核桃仁、松子仁、绵白糖、白芝麻），大豆油50克，水250克。部分原料如图6-2-9所示。

将烤香的核桃仁、松子仁、白芝麻用粉碎机制成粉末状。与撕开的猪板油、绵白糖揉成馅心，每只馅心约重15克（图6-2-10）。

图6-2-9/水晶油包原料
图6-2-10/馅心

将低筋粉倒入和面机，加入干酵母、绵白糖、猪油、泡打粉用中速搅拌，再慢慢加入水，调成发酵面团。将发酵面团用高速压面机压至上劲、光洁、细腻。将面团搓成条，切成每个约30克的剂子（图6-2-11）。将剂子不断揣压，使胚皮更紧密细腻，成中间厚、周围薄的面皮。包入油包馅，馅心居中，收口处无裂缝。上蒸笼饧发40分钟左右（图6-2-12）。

蒸制之前检查生坯是否变大，用手指按压表皮看是否会反弹，若反弹则可将生坯上笼蒸制。在蒸的过程中火不宜太大，不然容易蒸至萎缩。一般蒸制15分钟左右（图6-2-13）。用印章沾少许红色色素，印在水晶油包顶上，装盘（图6-2-14）。

图6-2-11/剂子
图6-2-12/水晶油包生坯

图6-2-13/蒸制
图6-2-14/水晶油包成品

学习感想

任务三　霉干菜肉包的制作

任务情境

霉干菜焖肉是绍兴菜中霉干菜风味菜的代表，在绍兴菜中占有重要的位置。它来自民间，相传此菜系明代文学家、书画家徐渭所创。说起霉干菜常让人们想起霉干菜焖肉，它同绍兴人的生活密切相关，涉及千家万户，深入人心，早已成了绍兴的当家名菜。

绍兴人的饮食生活是讲究有时有节，素有尝新之习。霉干菜肉包源于民间尝新之俗。新麦丰收居家蒸糕做馒头，尝鲜庆丰收。霉干菜肉包在民间基础上，融入了烹饪技艺，在原料的组合上更加讲究，推陈出新，使成品别具鲜嫩酥香的风味。

任务目标

①熟练掌握发酵面团的调制。
②了解霉干菜的制作方法。
③掌握霉干菜肉馅的制作方法。

面点工作室

制作霉干菜在绍兴这块土地上历史久远，代代相传，历经千年的霉干菜是绍兴有名的地方特产，堪称越中一绝，烙上了深深的历史文化印记。霉干菜制作看似原始简单，不需要什么先进设施设备，其实不然，稍加探究，就能发现霉干菜的制作蕴含着极高的科学性，于简朴之中折射出劳动人民的勤劳和智慧。

一、原料品种与要求

原料品种上由传统习惯上的芥菜（大叶芥、细叶芥等），油菜（未抽薹），白菜，拓展到包心菜、萝卜菜等，几乎不是特别脆嫩或含水量特别高的叶菜类均可作为制作霉干菜的原料，其中尤以芥菜为佳。选用时要注意成熟度恰当、新鲜洁净、安全无害。

二、制作方法

霉干菜属于干态腌菜，在原料上，选择植株均匀的鲜菜，一般春菜每株重500~750克，冬菜每株重250~500克。每50千克霉干菜用盐2千克。

其简易流程为：选择新鲜原料→修整剪根→曝晒→堆黄→整理→洗净→曝晒→切菜→腌菜→晒干→收获成品。

将收获后的鲜菜整理清洗晾晒1天，放在阴凉通风处堆放4~5天，每天上下翻菜一次，防止菜堆发热变质，堆成黄绿色后，按每100千克鲜菜用3千克盐腌制，逐层排菜撒盐，每排一次菜踩踏一次，至出菜汁为度。若菜汁不多，可在第二天复踏一次，直至出汁。菜卤出泡，黄熟转鲜后起缸晒菜。经腌制后未晒干的鲜咸菜色泽黄亮、味醇香、质鲜嫩。

制作时注意以下事项。①第一次曝晒，中间应翻动一次。②在将凋萎的菜进行堆黄时，根据冬菜和春菜的不同，堆放成不同高度，时间为一周左右。每天早晨要翻菜一次，天气暖和时，晚上也要翻一次。若气温过低，应覆盖，否则不易发黄，但不要使菜发热。③堆黄程度：春菜堆高35~50厘米，早晚各翻一次，堆黄程度为55%~60%，时间为3天；冬菜堆高65~100厘米，早晚各翻一次，时间为一周，堆黄的程度为60%~70%。④第二次曝晒的时间要短，以晾干水分为宜。⑤切菜时应将菜头挖出，但不要将叶芽切掉。切后的菜梗长约25厘米，菜叶长约20厘米。⑥如切好的菜变黄的程度不够，可堆在竹席上，加覆盖物闷一夜，第二天早晨揭开翻薄，使其凉透。⑦在腌制时，先铺盐，菜与盐拌和均匀，分层紧放缸内。装满后将周围扒至中心，成馒头形，然后再覆一层盐。用竹棚等盖好，压上重物。这样，冬菜约30天，春菜约20天即可食用。⑧在进行晒干时，要先吸出菜卤，然后扒松菜并取出摊散于竹席上，在阳光下曝晒，直到晒干，并应注意翻动。

霉干菜肉包的制作

1. 训练原料

发酵面团1份（同鲜肉中包）。

馅料：五花肉150克，霉干菜100克，绍酒8毫升，桂皮2克，茴香2克，葱10克，姜5克，白糖20克，味精2克，酱油4毫升。

2. 训练内容

掌握霉干菜肉馅的调制、霉干菜肉包的包制方法。

3. 制作方法

①原料如图6-3-1所示。

图6-3-1/霉干菜肉包原料

②调制馅心。霉干菜切成粒状。五花肉焯水，捞起洗净去除污物，切成小丁（图6-3-2）。锅中加水、酱油、绍酒，茴香、桂皮、葱节、姜块用纱布包住，连同猪肉丁放入锅中，用旺火煮沸，撇去浮沫，转中火煮，焖至肉熟（图6-3-3）。拿出香料包，加入白糖、霉干菜（图6-3-4），收干卤汁，加入味精拌匀，起锅，盛盘，上笼旺火蒸酥即成（图6-3-5）。

图6-3-2/肉和霉干菜切碎
图6-3-3/放调料煮熟

图6-3-4/加入白糖、霉干菜
图6-3-5/馅心

图6-3-6/霉干菜肉包成品

③成形。将饧好的面团搓条，摘成15个剂子，并擀成面皮。一只手托皮，手指向上弯曲，使皮在手中呈凹形，一只手上馅。拇指、食指提褶包捏一圈，收口成“鲫鱼嘴”即成。

④饧发，成熟。在25℃~28℃的环境中静置半小时，待体积增大、手指按压能恢复时，用大火蒸制8~10分钟，即可取出食用（图6-3-6）。

4. 操作要求

①霉干菜肉馅调味要咸鲜适中、色泽枣红、油而不腻。

②包制成形时，注意馅心不要太多，否则会露馅导致成品不美观。

③掌握好发酵时机，既不能发酵过度，又不可发酵不到位。

温馨提示

调制霉干菜肉馅的关键：

①选用皮薄、猪身小的五花肉；

②霉干菜需鲜嫩；

③猪肉丁不要切得太大，黄豆大小即可，以便成熟一致；

④火候很关键，以把肉焖蒸得酥糯为佳。

想一想

用霉干菜还可以做哪些面点？

学习感想

任务四　金华酥饼的制作

任务情境

金华酥饼是浙江金华地区的一道特色小吃，吃着皮酥馅香，看着油亮诱人。与金华酥饼的美味齐名的是它的来源，相传金华酥饼的首创者是程咬金。早年在金华以卖烧饼为生的程咬金有一天为了防止没卖完的烧饼变质，就把剩下的烧饼放在炉边上，让火一个劲儿地烘烤。第二天起床一看，肉油都烤出来了，饼皮更加油润酥脆，烧饼成了酥饼。

任务目标

了解金华酥饼的制作方法。

面点工作室

金华酥饼的原料包括：面粉、霉干菜、肥膘肉丁、芝麻、酵种、菜籽油、饴糖水、盐、碱。金华酥饼的传统制作方法是将肥膘肉丁加入霉干菜末、盐拌成馅料，面粉加入温水搅匀，摊开晾凉后取出适量，放入等量的酵种，和成面团揉匀揉透。发好的面团具有弹性、呈海绵状时兑入碱液，反复揉透，擀成长方形的面皮。面皮抹上一层菜籽油，撒上面粉，用手抹匀，再自上而下卷起，搓成长圆形，揪成剂子，逐个按成中间厚、周围薄的圆皮。包入馅料，收拢捏严，收口朝下放在案板上，擀成圆饼，刷上饴糖水，撒上芝麻，即为饼坯。黄沙烘饼炉烧木炭，炉壁升温至80℃左右时，将饼坯贴在炉壁上烘烤十来分钟，关闭炉门，用瓦片将炭火围住，炉口盖上铁皮，再焖烘半小时，等炉火全部退净，再烘烤2小时，即可食用。

行家点拨

金华酥饼制作要点

尽量采用金华当地产的“两头乌”猪肉。

发酵面团擀制过程，也需抹上一层菜籽油，增加酥饼油润度。

注意烘烤时间。

任务实施

金华酥饼的制作

1. 训练原料

水油面：低筋粉250克，水120毫升，白糖25克，猪油40克。

干油酥：低筋粉 150克，猪油75克。

馅料：半肥半瘦猪肉200克，霉干菜45克，白糖3小勺，高度白酒2勺，盐适量，胡椒末适量，老姜末适量，酱油适量，葱花适量。

其他：鸡蛋、黑芝麻（或饴糖水）。

2. 训练内容

制作霉干菜肉馅，练习金华酥饼的制作。

3. 制作方法

①炒馅料。霉干菜提前泡开。猪肉剁成肉末，加入白酒、盐、胡椒末、老姜末，拌均匀。锅中放油，猪肉末炒变色，放入适量酱油，炒均匀，再放入霉干菜，翻炒几分钟，放入白糖，再炒均匀，晾凉待用（图6-4-1）。调制干油酥、水油面同项目四，将干油酥包入水油面中（图6-4-2）。

图6-4-1/霉干菜肉馅
图6-4-2/干油酥包入水油面

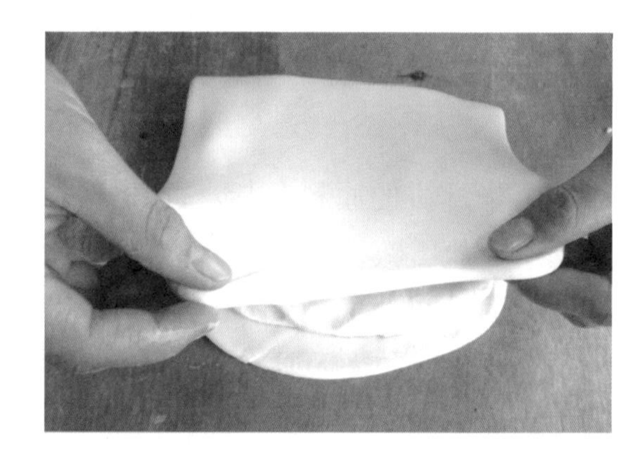

②起叠酥同项目四，四四二或者三三三，擀成厚约0.3厘米的薄片，用直径8厘米的圆形模具按压出坯皮，刷蛋液（图6-4-3）。包入霉干菜肉馅，加入适量葱花（图6-4-4）。

图6-4-3/下圆形坯皮，刷蛋液
图6-4-4/上馅

③按成厚约0.8厘米的圆饼，一面刷蛋液（图6-4-5），撒上黑芝麻（也可以不撒黑芝麻，而是刷饴糖水增色）（图6-4-6）。

图6-4-5/刷蛋液
图6-4-6/撒黑芝麻

④放入刷油的烤盘，表面刷蛋液，入烤箱（图6-4-7）。面火200℃、底火180℃，烤制15分钟。出烤箱，装盘（图6-4-8）。

图6-4-7/入烤箱烤制
图6-4-8/金华酥饼成品

4. 操作要求

①老面发酵，面团醇香。

②霉干菜肉馅无须炒熟。

③掌握好烤制时间，烤制前可以刷饴糖水（或者白糖水）增加烧饼色泽。

想一想

1. 使用传统和现代两种方法制作出的金华酥饼分别有哪些优、缺点?

2. 试试在网上查找金华地区还有哪些名点。你可以做一做吗?

学习感想

____

____

____

任务五　缙云烧饼的制作

任务情境

缙云烧饼是浙江丽水地区缙云县有名的传统小吃，是中华名小吃。缙云烧饼是由老面发酵，包入霉干菜肉馅，擀薄以后，在炭炉内壁上烤制而成的。缙云烧饼具有香味浓郁、外脆里香、油润香脆的特点。

任务目标

了解缙云烧饼的制作方法。

面点工作室

缙云地处山区，木炭多，冬季时，常常采用自制木炭暖手炉取暖，土鼎内也是采用木炭火（无烟）且内壁光滑，面饼可贴于鼎壁。人们发现土鼎木炭火烤出的烧饼比锅中烙出的饼更酥香。久而久之，缙云人纷纷将土鼎加以改进做成烧桶，专用于烤饼。

行家点拨

缙云烧饼制作要点

选用晾晒多次的香味浓郁的霉干菜。

采用肥瘦相间的夹心肉。

夏季调制的面团发酵完成后，需放在冰箱里冷藏。

可以在馅心中加适量葱花，烤出的烧饼更香。

任务实施

缙云烧饼的制作

1. 训练原料

面粉1 000克，酵种100~200克，夹心肉2 500克，霉干菜1 500克 ，饴糖水100毫升，白芝麻适量（可以不用），盐适量。

2. 训练内容

调制霉干菜肉馅，练习缙云烧饼的制作。

3. 制作方法

①面粉加酵种、水拌和成发酵面团，冬季用温热水，夏季用凉水（图6–5–1）。将夹心肉剁成末，和泡发的霉干菜拌匀，根据霉干菜的咸度决定是否加入适量的盐，拌好的馅料如图6–5–2所示。

图6–5–1/面团
图6–5–2/霉干菜肉馅

②搓条，下剂，每只剂子约重30克（图6–5–3）。包入霉干菜肉馅，加适量葱花（图6–2–4）。

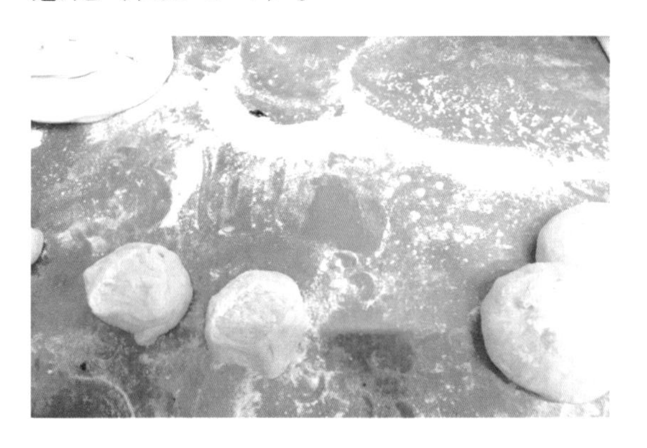

图6–5–3/下剂
图6–5–4/上馅

③按扁，用通心槌擀成直径10~15厘米的圆饼坯（图6–5–5）。饼坯正面刷上少许饴糖水（可以撒一些白芝麻）（图6–5–6）。

图6–5–5/擀制
图6–5–6/刷饴糖水

④反面刷上少许水贴在炭火烧热的烧桶内壁上（图6–5–7）。用炭火烤制3~4分钟，在烤制过程中可以再次刷饴糖水，增加饼面色泽。待饼面金黄，香味溢出时，用特制铁钳钳出即可（图6–5–8）。

图6-5-7/烤制
图6-5-8/缙云烧饼成品

4. 操作要求

①老面发酵，面团醇香。

②霉干菜肉馅无须炒熟。

③掌握好烤制时间，烤制前需要刷饴糖水（或者白糖水）增加烧饼色泽和脆性。

想一想

试试从网上查找丽水地区还有哪些名点。你可以做一做吗?

拓展训练

缙云馒头的制作

图6-5-9/缙云馒头成品

缙云馒头的制作要用到发酵水，现在直接使用当地人称为“白药”的发酵材料。稀饭晾凉，和入白药，冬季发酵2~3天，纱布过滤残渣，用发酵水直接调制面粉，一般500克面粉用280毫升发酵水、20克绵白糖。面团需要饧发一晚，天气冷时还要给面团保暖。做好的缙云馒头生坯在预热的蒸笼内发酵30分钟，然后上锅蒸制15分钟，点上印花（图6-5-9）。

学习感想

____

____

____

任务六 嘉兴粽子的制作

任务情境

粽子作为节令食品，以往多在端午节供应。现在随着人们生活水平的提高，一年四季均有供应。粽子是以糯米为主要原料，用粽叶将糯米包紧、加热煮制而成的食品，具有清香、软糯、口味多样的特点。

任务目标

①了解粽子的种类和食粽风俗。

②学会四角粽的包裹方法。

③学会粽子的成熟方法。

面点工作室

一、粽子的概念

粽子，又称“角黍”“筒粽”，是以粽叶包裹糯米蒸制或煮制而成的食品。粽子是中国历史文化积淀最深厚的传统食品。

二、粽子的种类

就口味而言，粽子馅荤素皆宜，口味有甜有咸。北方的粽子以甜味为主，南方的粽子甜少咸多。馅料的内容是最能突显地方特色的部分。北方地区有白粽、小枣粽、黄粽，南方地区有浙江的鲜肉粽、蛋黄鲜肉粽、赤豆粽、玉米粽、霉干菜肉粽，四川的椒盐豆粽，广东的中山芦兜粽，云南的火腿粽、玫瑰粽，台湾的叉烧肉粽。

粽子形状各异，各地的粽子有三角形、四角形、枕头形、宝塔形、圆棒形等。粽叶的材料也因地而异。南方因盛产竹子，一般用竹叶包制，北方则惯用苇叶来包粽子。各地粽子的大小也有差异，有重达两三斤的巨型兜粽，也有小巧玲珑、长不及6厘米的甜粽。

三、嘉兴粽子

粽子五花八门、各具特色，最出名的要数嘉兴粽子，其历史可追溯到明代。明朝《万历秀水县志》卷一云：“端午贴符悬艾啖角黍饮蒲黄酒，妇女制绘为人形佩之曰健人，幼者系彩索于臂。”嘉兴粽子有鲜肉、蛋黄鲜肉、栗子鲜肉、豆沙、八宝、鸡肉粽等品种，从选料、制作到烹煮都有独到之处。米要上等糯米，肉从猪后腿精选，口感糯而不糊，肥而不腻，香糯可口，咸甜适中。嘉兴粽子还因其方便携带而备受人们喜爱，有“东方快餐”之称。嘉兴粽子在一定程度上成了稻米之乡嘉兴的一种象征，被誉为“饮食文化的代表，对外交流的使者”。

嘉兴在每年初夏都会举办中国嘉兴粽子节，全国各地粽子厂家云集，开展粽子文化系列活动，有粽子擂台赛、包粽子表演、百粽宴、参观粽子博物馆和龙舟赛等民俗活动。

四、粽子馅料的调制

蛋黄肉馅：猪肉洗净后切成3厘米见方的肉块，加老抽、生抽、料酒、白糖、盐、葱、姜，提前半天腌渍入味；咸鸭蛋洗净后煮熟，取出熟蛋黄，对切备用；包制时取一块肥膘肉、一块瘦肉和半只咸鸭蛋黄入馅即可。

枣泥花生馅：红枣洗净用水浸泡，泡好的红枣入锅蒸制20分钟，去皮去核。锅中淋入植物油，加入枣肉及适量水，小火搅拌至枣肉与油融合，再加白糖和玉米淀粉，翻炒至合适的稠度即可出锅；花生洗净、煮熟、去壳；包制时取适量枣泥馅和3~5粒花生仁入馅即可。

行家点拨

鲜肉粽制作要点

粽叶一定要用水浸泡软化，否则包制时粽叶易断，且粽子不易包紧，煮制时易漏米。

馅料要选用猪后腿肉，肥瘦相间，易腌渍入味。

裹粽时，一只手大拇指至指跟处及无名指和小指要固定住漏斗口边缘，同时另一只手要拉紧粽叶前端，保证粽子包紧包实，每个角都要坚挺饱满。

捆扎时，棉线不可缠太紧，否则粽子在煮制过程中易爆裂；也不可缠太松，否则煮制时粽子易松散且进水。

任务实施

鲜肉粽的制作

1. 训练原料（约20个）

糯米1 000克，夹心肉600克，粽叶50张，盐、白糖、味精、料酒、老抽、生抽、色拉油、葱、姜适量，棉线一捆。

2. 训练内容

按照配方包制鲜肉粽。

3. 制作方法

①部分原料如图6-6-1所示。

②将糯米淘洗干净，用冷水浸泡4~6小时（图6-6-2）。

③猪肉洗净后切成3厘米见方的肉块，加老抽、生抽、料酒、白糖、盐、葱、姜，提前半天腌渍入味（图6-6-3）。

图6-6-1/鲜肉粽原料

图6-6-2/浸泡糯米
图6-6-3/腌渍肉块

④粽叶放入煮沸的水中浸泡4~6小时至软，修剪叶柄，沥干水分（图6-6-4）。

⑤包制前将浸软的糯米加色拉油、老抽、生抽、白糖、盐、料酒、味精调味（图6-6-5）。

图6-6-4/浸泡粽叶
图6-6-5/糯米调味

⑥取粽叶一张，毛面向下，叶柄端叠交1/3，折成漏斗状，再在短边处插入另一张粽叶，用手托紧（图6-6-6）。

⑦另一只手舀入约40克糯米，放入一肥一瘦两块肉，再盖上约60克糯米至九成满并压实（图6-6-7）。

图6-6-6/折粽叶
图6-6-7/填米

⑧将长出部分的粽叶折叠盖住，转折包紧，并折出边角，每个面呈三角形（图6-6-8）。

⑨粽子中间用棉线扎紧，剪掉多余的叶尖（图6-6-9）。

图6-6-8/封口
图6-6-9/捆扎

⑩粽子生坯入锅，水没过粽子3~5厘米，大火煮1小时后，小火焖2~3小时即可（图6-6-10、图6-6-11）。

图6-6-10/煮制
图6-6-11/鲜肉粽成品

4. 操作要求

①粽叶一定要软化，修剪整齐。

②粽叶折成漏斗状，第二片粽叶要平行插入漏斗叠交处。

③粽叶盖住封口时，一只手大拇指至指跟处及无名指和小指要固定住漏斗口，同时另一只手要拉紧封口，保证粽子包紧包实，每个角都要坚挺饱满。

④用棉线沿一个方向缠绕至九成紧即可，缠线尽量间距匀称不叠交。

想一想

四角粽有长有短，粽子的边长由什么决定？如何包制等边四角粽呢？

赤豆粽的制作

1. 训练原料（约10只量）

糯米500克，赤小豆200克，粽叶30张，蜜枣10粒，白糖、色拉油适量，棉线一捆。

2. 训练内容

按照配方及已学习的四角鲜肉粽制作方法，制作等边四角赤豆粽。

3. 制作方法

①赤小豆、糯米分别洗净，赤小豆泡1.5小时后再与糯米混合均匀，用冷水浸泡半天，沥干水分，备用。

②蜜枣洗净，蒸熟，备用。

③粽叶放入煮沸的水中浸泡4~6小时至软，修剪叶柄，沥干水分。

④将浸泡好的糯米和赤小豆加适量白糖和色拉油拌匀。

⑤取粽叶一张，毛面向下，叶柄端叠交1/3，折成漏斗状，再在短边处插入另一张粽叶，用手托紧。

⑥另一只手装入约漏斗一半量的糯米、赤小豆，中间加入一粒蜜枣，再加入另一半糯米、赤小豆，压紧后，将粽叶上端折叠包裹，中间用棉线扎紧，成四角粽。

⑦粽子生坯入锅，水没过粽子3~5厘米，大火煮1小时后，小火焖2~3小时即可。

4. 操作要求

①包制时手法要正确，特别注意要压紧馅料，不能漏米，保证四角饱满，否则难以成形。

②最后的焖制过程很重要，可以使粽子更香糯。

相关链接

农历五月初五，是我国传统的端午节，时值仲夏，日照充足，又称“端阳节”。这一天，有家家户户吃粽子的习俗。

端午节吃粽子，相传是为了纪念屈原。这个习俗的来源在江南一带流传着另一种说法，即端午节吃粽子是为了纪念春秋时吴国的名相伍子胥。越王勾践敬献美女西施后，到吴国“卧薪尝胆”做人质，以求休养生息，伺机反攻。吴王夫差听不进伍子胥的逆耳忠言，反而听信谗言，赐伍子胥宝剑自刎，并将伍子胥的尸体装在袋中投入胥江。时值五月初五，家家户户包粽子投江“喂鱼”，以保护伍子胥的尸身不被鱼类吞食，世代相传至今。

学习与巩固

判断以下说法是否正确。（正确的打“√”，错误的打“×”。）

1. 从口味上讲，南方粽子口味以甜味为主，北方粽子甜少咸多。（ ）
2. 煮粽子时用大火煮1小时后，转小火焖2~3小时可使其香糯可口。（ ）
3. 煮粽子时水要没过粽子。（ ）
4. 粽叶要事先煮软，否则包制时会断。（ ）

学习感想

______

______

______

任务七　温州灯盏糕的制作

任务情境

温州人擅长制作米糕类的食物，如灯盏糕、猪油糕、矮人松糕等。温州灯盏糕是用大米、黄豆磨成的米浆制作的，采用特制的圆勺当作模具成形，用猪肉末和萝卜丝做填料，用新鲜猪油炸制。米浆通过猪油的慢炸浸泡，富有猪油的香味和焦脆的口感，内里的萝卜丝、鸡蛋和肉末又保持鲜嫩。

任务目标

①了解温州灯盏糕的由来。
②掌握温州灯盏糕的制作方法。

面点工作室

温州灯盏糕是温州的特色小吃，有着悠久的历史。一说在元末明初刘伯温攻打温州城时，与城内义军的联络暗号为“等斩糕”，温州方言“等斩”和“灯盏”同音。另一说，清光绪末年，温州人陈大姆、陈碎姆两兄弟在东门陡门头设摊炸制灯盏糕，用猪腿肉和萝卜丝做馅料，用黄豆浆和米粉浆拌和做外皮，用新鲜猪油炸制，成品外皮焦脆、内里鲜嫩、香味诱人，深受人们喜爱。因其外形酷似古代扁圆形的菜籽油灯盏，故名灯盏糕。

行家点拨

温州灯盏糕制作要点

选用猪后腿肉。

大米宜采用粳米。

调制米浆时注意加水量，不要太稀。

下油锅时注意油温，慢慢把米浆炸脆再升温，防止含油。

任务实施

温州灯盏糕的制作

1. 训练原料

大米150克，黄豆150克，盐3克，味精4克，葱花5克，萝卜30克，猪肉末50克，鸡蛋1个，炸制用猪油1 000克（约耗50克）。

2. 训练内容

按照要求自行调制馅心，练习温州灯盏糕的制作。

3. 制作方法

①部分原料如图6-7-1所示。

②将大米与黄豆浸泡后磨成米浆，加入盐、味精、葱花，搅拌均匀（图6-7-2）。

图6-7-1/温州灯盏糕原料
图6-7-2/制作米浆

③猪肉末提前腌制，萝卜切成丝，调味（图6-7-3），鸡蛋洗净待用。准备好盛油的圆勺（图6-7-4）。

图6-7-3/萝卜丝调味
图6-7-4/盛油圆勺

④将调好的米浆淋入盛油的圆勺内，加入萝卜丝（图6-7-5），打入鸡蛋（图6-7-6）。

图6-7-5/淋米浆、加萝卜丝
图6-7-6/打入鸡蛋

⑤放入腌制好的猪肉末（图6-7-7），再铺一层萝卜丝（图6-7-8）。

图6-7-7/加入肉末
图6-7-8/铺满萝卜丝

⑥用勺子浸油压一压（图6-7-9），然后再淋上一层米浆（图6-7-10）。

图6-7-9/压馅
图6-7-10/淋满米浆

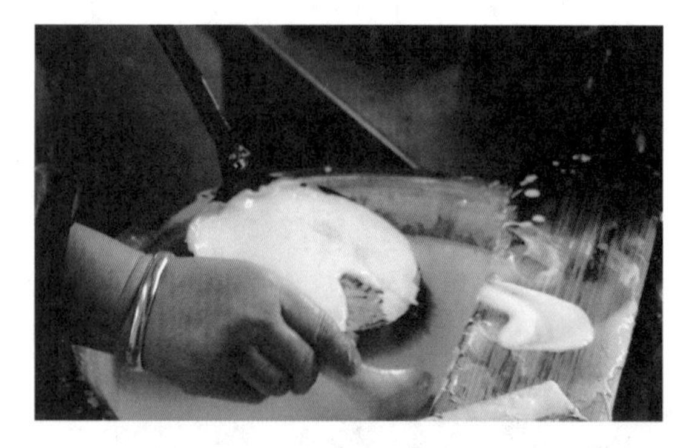

⑦入油锅炸（图6-7-11）至半熟后，再在上面淋上一层米浆，入油锅炸至成熟且通身金黄色即可（图6-7-12）。

图6-7-11/炸制
图6-7-12/温州灯盏糕成品

4. 操作要求

①淋米浆时注意量。

②掌握好油温。

③掌握好炸制时间。

想一想

温州地方名点还有哪些?

拓展训练

永嘉麦饼的制作

永嘉麦饼松脆喷香，别有风味。最早的永嘉麦饼是用小麦粉调制面团当中夹糖，即以红糖为馅料，现在大多是用肥膘肉、霉干菜、虾仁等作为馅料制成，后期逐渐形成永嘉的特色麦饼。

1. 训练原料

小麦粉400克，霉干菜100克，肥膘肉100克，葱花5克，盐3克，料酒5毫升，菜籽油25毫升，鸡蛋1个。

2. 训练内容

按照要求自行调制永嘉麦饼馅料，练习永嘉麦饼的制作。

3. 制作方法

①部分原料如图6–7–13所示。

②霉干菜泡软，洗净沥干，肥膘肉切成丁，加葱花和料酒制成馅料。小麦粉用水、盐、鸡蛋和少许菜籽油调制成团（图6–7–14）。

图6–7–13/永嘉麦饼原料

图6–7–14/调制面团

③面团静置饧发（图6–7–15）。制作面皮，包入肥膘肉丁（图6–7–16）。

④再包入霉干菜（图6–7–17）。慢慢收紧口子，包捏成形，擀成扁圆形（图6–7–18）。

图6-7-15/饧面
图6-7-16/包入肥膘肉丁

图6-7-17/包入霉干菜
图6-7-18/擀制

⑤先入电饼铛两面稍煎（图6-7-19），再转入烤炉中烘熟，切开，装盘（图6-7-20）。

图6-7-19/煎制
图6-7-20/永嘉麦饼成品

学习感想

项目七　西点蛋糕

项目描述

西式面点（简称西点），英文写成“western pastry”，主要是指源于欧美国家的点心，主要包括蛋糕，面包，布丁、饼干，酥皮等。西点之所以成为世界共同的美食，主要是由于人类对甜食与生俱来的好感以及西点本身具有的特色，包括色、香、味、造型等方面。

蛋糕的种类很多，根据使用原料、搅拌方法和面糊性质不同，常见的有海绵蛋糕、油脂蛋糕两种基本类型。

小王是烹饪班的一名学生，喜爱制作各种西点，新学期将至，他也将进入慕名已久的某五星级酒店西点烘焙房实习。即将步入实习岗位的他，想多学本领和学做更多精美西点的念头油然而生。

项目分析

如何制作精美的蛋糕？首先要了解制作蛋糕的各种原料，如面粉的挑选、鸡蛋的打发状态、油脂什么时候加入等。要使蛋糕做得精致，必须多看、多做、多思考。小王在学校学习了海绵蛋糕、普通裱花蛋糕、慕斯蛋糕的相关基础知识，但是对翻糖蛋糕、创意蛋糕不了解，这一次进入酒店跟随西点师傅实习，是一次难得的提升技能的好机会。

项目目标

①了解蛋糕的相关原料知识，认识蛋糕制作的常用工具、设备。

②了解蛋糕制作的基本原理。

③了解蛋糕制作过程中常见的问题以及解决方法和制作关键。

④掌握几种常用蛋糕的制作方法和操作要领。

项目实施

任务一　蛋糕制作基础知识

任务情境

蛋糕是由面粉、鸡蛋和糖等原料经过搅拌形成含气泡的均一分散组织，添加油脂、乳品、坚果和水果等多种辅助原料，经过烘烤后形成的色泽鲜艳、口感膨松香甜、造型各异的一类面点。

各式各样的造型，巧克力、水果等各种装饰物的灵活运用，为蛋糕增添了美味，注入了新的元素。

任务目标

①了解蛋糕的相关原料知识。

②认识蛋糕制作的常用工具、设备。

③了解蛋糕制作的基本原理。

④掌握蛋糕的特点。

面点工作室

一、蛋糕制作的基本原料

低筋粉：粉质细，面筋质软，但也有足够的筋性来承担烘焙时的胀力，为形成蛋糕特有的膨松组织起到骨架支撑作用。

鸡蛋：新鲜的鸡蛋是制作蛋糕的重要保证，因为新鲜鸡蛋胶体溶液稠度高，能打进气体，保持气体性能稳定。存放时间长的鸡蛋不宜用来制作蛋糕。

糖：制作蛋糕的糖常选用蔗糖，以颗粒细密、颜色洁白为佳，如白砂糖、绵白糖和糖粉。颗粒大者，搅拌时间短时不容易溶化，易导致蛋糕质量下降。

乳品：乳品中含有具有还原性的乳糖，在烘焙过程中，乳糖与蛋白质中的氨基酸发生褐变反应，形成诱人的色泽。

油脂：将蛋液加入打发的油脂中后，蛋液中的水分与油脂在搅拌下发生乳化。乳化对蛋糕的品质有重要的影响，乳化越充分，制品的组织越均匀，口感也越好。在海绵蛋糕中，在搅打蛋黄时，加入少量油脂一起搅打，利用蛋黄的乳化性，可以使油脂和蛋黄混合均匀。

蛋糕乳化剂：蛋糕乳化剂又称为蛋糕油，能够保证泡沫稳定，缩短蛋液的打发时间，防止油脂的消泡影响，增加油脂和水分用量，改善制品风味。它的应用是对传统工艺的一种改进，特别是降低了传统海绵蛋糕的制作难度，同时还能使制作出来的蛋糕吃口更加滋润，适合于批量生产。

吉利丁（明胶）：吉利丁是从动物的骨头里提炼出来的胶质，具有凝结作用，有粉状和片状两种不同形态，需要提前用水浸泡后使用。吉利丁是制作慕斯蛋糕的重要原料。

二、蛋糕制作的常用工具和设备

打蛋机：可以将鸡蛋的蛋清和蛋黄充分打散融合成蛋液，或单独将蛋清或蛋黄打到起泡，可使搅拌更加快速、均匀。机器工作时应保持平稳，不可以用水冲洗整个机器。

不锈钢盆：不锈钢盆用于盛装液体材料，使材料易于搅拌。每次用完均应清洗干净。

模具：大小、形状各异，制作不同形状的蛋糕时选用对应的模具。一般有4寸[①]、6寸、8寸、10寸，有方形、圆形、心形。模具每次用完均应清洗干净。

电子秤：用来称量面粉、糖等。

各种刀具：用来切割蛋糕，抹奶油、果酱等。

烤箱：一般采用电烤箱或者燃气烤箱。电烤箱因上下都有发热导线，所以制品成熟比较快。烤箱的质量在一定程度上影响制品的质量。

三、蛋糕制作的基本原理

空气的作用：在海绵蛋糕的制作过程中，蛋白经过高速搅拌，被快速地打入空气，形成泡沫。同时，由于表面张力的作用，蛋白泡沫收缩变成球形，加上蛋白胶体具有黏性，加入的面粉原料附着在蛋白泡沫周围，使得泡沫变得很稳定，能保持住混入的气体。在加热过程中，泡沫内的气体受热膨胀，使得蛋糕制品疏松多孔并具有一定的弹性和韧性。

膨松剂的作用：在海绵蛋糕制作过程中，为了使制品膨松，通常要添加一些膨松剂，如小苏打、泡打粉等，这些物质在加热时会产生二氧化碳气体。此外，有些膨松剂还可以产生氨气，都可以使烘焙制品体积膨胀。

蒸汽的作用：在蛋糕制作过程中，常加入水，水在烘焙时会因受热变成蒸汽，亦会产生蒸汽压，使制品膨大。

---

① 一寸≈3.3厘米。

油脂的乳化作用：在海绵蛋糕的制作过程中，经常会加入一些油脂，改善蛋糕的口感。这些油脂在搅拌后，会形成水包油型的乳化剂，在烘焙初期，当温度达到40℃时，油脂中的气泡会转移到水相中，然后在蒸汽的作用下，产生蓬松的效果。

四、蛋糕的特点

一是富有营养。蛋糕多以鸡蛋、乳品、糖、面粉等为常见原料，这些原料中富含蛋白质、脂肪、糖类等营养物质，它们是保证人体健康必不可少的营养素。

二是口感松软。在蛋糕制作过程中，无论是利用鸡蛋膨松、油脂膨松还是利用其他膨松剂膨松等技法制作出来的蛋糕制品，都有蓬松的口感，从而形成了蛋糕的另一特色。

三是色泽诱人。在蛋糕的制作过程中，由于配料中使用了乳品，在烤制成熟过程中发生了褐变反应，使得蛋糕形成了漂亮的金黄色或者褐黄色，刺激感官，引起食欲。

四是工艺简洁。蛋糕从选料到搅拌、从灌模到烘烤、从脱模到造型、从整理到装饰，每个线条、图案，每种色调，都清晰可辨、简洁明快，给人赏心悦目的感受。

想一想

怎样快速制作海绵蛋糕？蛋糕缤纷的色彩从何而来？

行家点拨

蛋糕制作过程中常见的问题以及解决方法

蛋糕内部组织粗疏：主要和搅拌有关，应该在高速搅拌后慢速排气。

蛋糕出烤箱后凹陷或者回缩：烤箱温度最好能均匀分散；温度把握正确，烘烤后期温度调低，延长烘烤时间，保证蛋糕中央部分水分和周边差别不能太大；在蛋糕尚未定型之前，不能打开烤箱，出烤箱以后立刻脱离烤盘，翻过来冷却，或者出烤箱时用烤盘拍打案板，减少后期缩减。

蛋糕烤出来很硬：面粉搅拌时间过长，上劲，搅拌时间应该适当；鸡蛋用量太少，应增加鸡蛋用量；面粉过多，应适当减少；温度低，烤制时间长，应适当控制烘烤温度和烘烤时间；鸡蛋没有完全打发，应将鸡蛋完全打发。

佳作欣赏

图7-1-1 / 裱花蛋糕
图7-1-2 / 翻糖蛋糕

学习与巩固

1. 西式面点（简称______），英文写成“western pastry”，主要是指来自欧美地区的点心，主要包括蛋糕，_______，_______和______等。

2. 蛋糕是由_______、________和_______等原料经过搅拌形成含气泡的均一分散组织，添加油脂、______、_______和______等多种辅助原料，经过烘烤后形成的色泽鲜艳、口感______、造型各异的一类面点。

3. 蛋糕具有_________、__________、___________、________的特点，既可以品尝，又可以观赏。

4. 蛋糕烤出来很硬，主要是五个方面的问题：______________________、______________________、______________________、______________________、______________________。

学习感想

____

____

____

任务二　基础蛋糕的制作

任务情境

蛋糕的种类有很多，根据材料和做法的不同，比较常见的可以分为以下几类：海绵蛋糕、戚风蛋糕、天使蛋糕、重油蛋糕、奶酪蛋糕、慕斯蛋糕。按形状分，蛋糕可以分为圆形、椭圆形、正方形、长方形等。戚风蛋糕是比较常见的一种基础蛋糕，也是现在很受西点烘焙爱好者喜欢的一种蛋糕，是以鸡蛋、糖、盐、塔塔粉、油脂、牛奶、面粉为主要原料制作而成的蛋糕。

任务目标

①了解戚风蛋糕制作的原理。

②掌握戚风蛋糕的制作方法。

面点工作室

戚风蛋糕，质地非常轻，用油脂、鸡蛋、糖、面粉、塔塔粉为基本材料。由于色拉油不像牛油（传统蛋糕都是用牛油）那样容易打泡，因此需要把蛋清打成泡沫状，来提供足够的空气以支撑蛋糕的体积。戚风蛋糕含足量的油脂和鸡蛋，因此质地非常湿润、松软，不像传统牛油蛋糕那样容易变硬。

行家点拨

戚风蛋糕制作要点

蛋清与蛋黄要分离干净，打发蛋清时打蛋桶内要无水无油，这样蛋清容易打发，打发出来的泡沫也比较膨松。

调制蛋黄面糊时，面粉与色拉油和牛奶一定要搅拌至无面粉颗粒，然后加入蛋黄搅拌均匀。

烘烤戚风蛋糕时要控制好烤制温度与时间。

任务实施

戚风蛋糕的制作

1. 训练原料

蛋清360克，白糖160克，塔塔粉4克，盐3克，牛奶65毫升，色拉油90毫升，低筋粉95克，玉米淀粉30克，蛋黄160克。

2. 训练内容

根据戚风蛋糕的配方，称好所有的原料并准备好工具，先打发蛋清，再调制蛋黄面糊，混合搅拌均匀后倒入模具进烤箱烘烤成熟。

3. 制作方法

①部分原料和工具如图7–2–1和图7–2–2所示。

图7-2-1/戚风蛋糕原料
图7-2-2/戚风蛋糕工具

②蛋清加白糖、塔塔粉、盐，用打蛋器打至干性发泡（图7-2-3）。

③将牛奶与色拉油放在一起，加入过筛的低筋粉和玉米淀粉，搅拌至面粉无颗粒，再加入蛋黄搅拌均匀成蛋黄面糊（图7-2-4）。

图7-2-3/打发蛋清至干性发泡
图7-2-4/搅拌均匀成蛋黄面糊

④取1/3的打发蛋清加入蛋黄面糊中拌均匀，再将剩下的打发蛋清全部加入蛋黄面糊，用长柄刮板拌均匀，即成蛋糕面糊（图7-2-5）。

⑤将蛋糕面糊倒入蛋糕模具中，大约八分满即可（图7-2-6），表面抹平。模具放入面火168℃、底火163℃的烤箱中，烘烤40分钟至成熟（图7-2-7）。拿出倒扣在晾网架上，冷却后脱模，成品如图7-2-8所示。

图7-2-5/拌均匀成蛋糕面糊
图7-2-6/蛋糕面糊倒入模具

图7-2-7/出炉的戚风蛋糕
图7-2-8/戚风蛋糕成品

4. 操作要求

①在打发蛋清时，打蛋桶要干净。要加塔塔粉以提高打发蛋清的可塑性和发泡性。

②打发蛋清与蛋黄面糊拌和要均匀，速度要快。

③烘烤时控制好烤制温度与时间。

想一想

1. 蛋清需要打发到什么程度?

2. 戚风蛋糕还可以做什么造型呢? 蛋糕面糊中还可以添加什么原料，呈现何种口味?

拓展训练

海绵蛋糕的制作

海绵蛋糕因其组织细密、弹性强，口感绵软、纯正、细腻，深受人们的欢迎。海绵蛋糕的配方、制作方法和成形方法有很多种，下面是一种原味海绵蛋糕的制作方法，根据个人喜好，可以添加可可粉或葡萄干、杏仁片等，以制作出色泽丰富、形态各异的海绵蛋糕。

海绵蛋糕原料包括全蛋470克、白糖240克、蛋糕油20毫升、低筋粉250克、液态酥油155克、色拉油75毫升、牛奶75毫升、蜂蜜10克。

部分原料和工具如图7-2-9和图7-2-10所示。

图7-2-9/海绵蛋糕原料
图7-2-10/海绵蛋糕工具

将鸡蛋和白糖放入打蛋器里，慢速搅拌至糖化，加入蛋糕油和面粉先慢速搅匀，再快速打发，然后慢慢加入液态酥油、色拉油、牛奶、蜂蜜，搅拌均匀即成蛋糕面糊（图7-2-11）。将蛋糕面糊倒入已刷油或垫蛋糕纸的模具中（七至八分满）（图7-2-12），放入面火177℃、底火140℃的烤箱中烤45分钟左右。

图7-2-11/蛋糕面糊
图7-2-12/面糊倒入模具

烘烤成熟的海绵蛋糕出炉冷却（图7-2-13），脱模后切成小方块装盘（图7-2-14）。

图7-2-13/出炉冷却
图7-2-14/海绵蛋糕成品

温馨提示

①加牛奶、色拉油时切忌一次性加入，以防浆液稀释太快，破坏原有的气泡结构。
②蛋糕面糊在入模具前，模具里需要刷一层油或垫一张蛋糕纸，这样容易脱模。
③控制烘烤温度与时间，防止外焦内生。

学习与巩固

1. 蛋糕的种类有很多，根据材料和做法的不同，比较常见的可以分为以下几类：海绵蛋糕、________、________、________、________、________。

2. 戚风蛋糕是以鸡蛋、糖、盐、__________、__________、__________、__________为主要原料制作而成的蛋糕。

3. 海绵蛋糕的烘烤温度为________，烘烤________分钟。

学习感想

____

____

____

任务三　慕斯蛋糕的制作

任务情境

慕斯是一种奶冻式的甜点，可以直接吃或做蛋糕夹层，通常是加入奶油与凝固剂制作成浓稠冻状的效果。慕斯是从法语音译过来的。慕斯蛋糕最早出现在美食之都法国巴黎，大师们在奶油中加入起稳定作用以及改善结构、口感和风味的各种辅料，使其外形、色泽、结构、口味丰富，更加自然纯正，冷冻后食用其味无穷，是蛋糕中的极品。

任务目标

①掌握杧果慕斯蛋糕的制作过程。

②掌握淡奶油的打发技巧。

面点工作室

慕斯蛋糕是以牛奶、吉利丁、糖、水果果泥或巧克力等为主要原料，以打发的淡奶油为填充材料制成的胶冻类甜品。

慕斯蛋糕从口味上可分为水果类慕斯、乳酪类慕斯、巧克力类慕斯、坚果类慕斯、派塔类慕斯等多种口味。

行家点拨

慕斯蛋糕制作要点

吉利丁片要事先用冰水泡软，挤干水分，加到温热的水果果泥中融化。

淡奶油打至七成发，慕斯放冰箱凝固后才可以盖面。

加热后的水果果泥要冷却到50℃左右，再与打发的淡奶油搅拌。

任务实施

杧果慕斯蛋糕的制作

1. 训练原料

浆料：杧果果泥250克，淡奶油500克，白糖50克，吉利丁片15克，柠檬1个，8寸与6寸蛋糕坯各1个。

盖面：杧果果泥100克，白糖60克，淡奶油70毫升，吉利丁片8克，纯净水60毫升，柠檬汁适量。

2. 训练内容

按照配方调制慕斯浆料，倒入圆形模具中，放入冰箱冷藏，再把调好的盖面倒在上面，装饰后完成杧果慕斯蛋糕的制作。

3. 制作方法

①部分原料和工具如图7–3–1、图7–3–2所示。

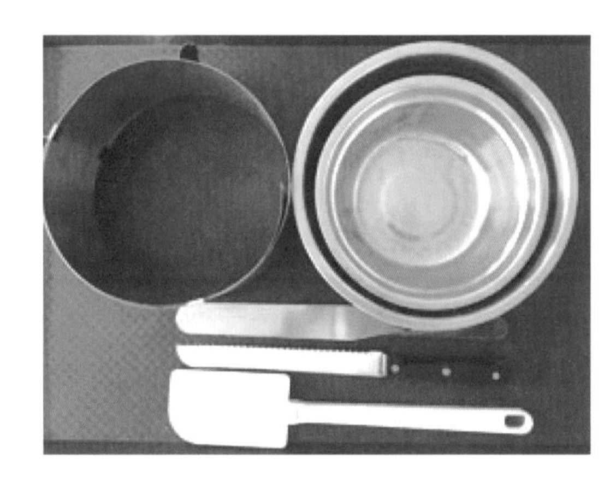

图7–3–1／杧果慕斯蛋糕原料
图7–3–2／杧果慕斯蛋糕工具

②把吉利丁片一张张撕开，在冰水中泡软待用（图7–3–3）。

③把淡奶油与白糖倒在搅拌桶中，搅拌至六七成发（图7–3–4）。

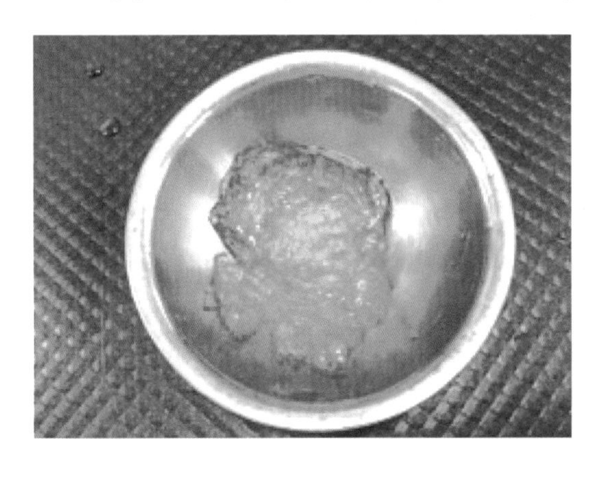

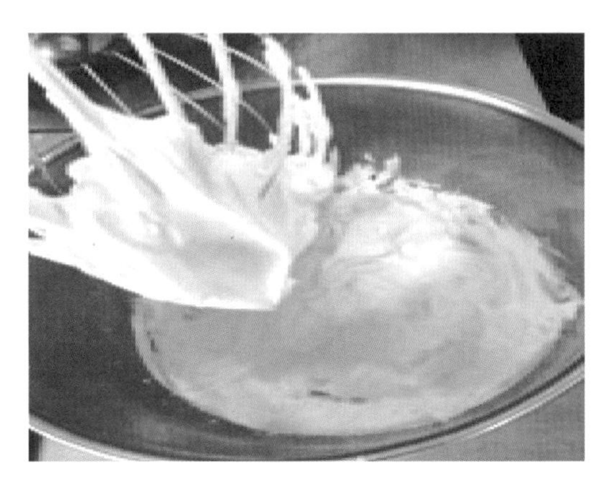

图7–3–3／泡软吉利丁片
图7–3–4／淡奶油与白糖打发

④杧果果泥加热后加入泡软的吉利丁片搅拌均匀，冷却至50℃左右，再挤入几滴柠檬汁拌均匀，与打发好的淡奶油搅拌均匀即成杧果慕斯浆料（图7–3–5）。

⑤在慕斯圈中放入一片8寸的蛋糕坯，倒入打好的杧果慕斯浆料，再放入一片6寸的蛋糕坯，再倒入杧果慕斯浆料（图7–3–6），稍震动模具使浆料表面平整后放入冰箱冷藏室至浆料凝固（图7–3–7）。

图7–3–5/杧果慕斯浆料
图7–3–6/放置6寸蛋糕坯

⑥把吉利丁片撕开，在冰水中泡软待用。把杧果果泥倒入不锈钢碗中，稍加热后，加入吉利丁片、白糖、淡奶油、纯净水、柠檬汁搅拌均匀（图7–3–8）。

图7–3–7/浆料冷藏凝固
图7–3–8/盖面部分

⑦把杧果盖面倒在已凝固的慕斯浆料上（图7–3–9），再放入冰箱冷藏。杧果慕斯蛋糕脱模，表面用杧果、蓝莓与巧克力等配件装饰即可（图7–3–10）。

图7–3–9/盖面
图7–3–10/杧果慕斯蛋糕成品

4. 操作要求

①淡奶油不要过分打发。

②盖面一定要等浆料全部凝固住了才可以倒入。

③吉利丁片需事先用冰水泡软。

④加热后的杧果果泥要冷却到50℃左右，再与打发的淡奶油搅拌。

想一想

1. 学会了制作杧果慕斯蛋糕，你还能想到制作什么口味的慕斯蛋糕呢？
2. 如果在淡奶油中加入巧克力、抹茶粉等原料，又是什么口味呢？

拓展训练

巧克力慕斯蛋糕的制作

巧克力慕斯蛋糕利用了巧克力在慕斯蛋糕中形成的一种很独特的丝滑口感，表面多以软质巧克力酱作为装饰，是整体以巧克力为主的一种特色慕斯蛋糕。巧克力浓厚的香味搭配慕斯蛋糕丝滑的口感，吃完后口中还带苦甜的回味。

浆料部分原料包括黑巧克力350克、淡奶油600毫升、白糖50克、吉利丁片15克、6寸蛋糕坯1个，部分原料如图7–3–11所示。

盖面部分原料包括细砂糖150克、可可粉60克、淡奶油90克、吉利丁片15克、镜面果胶150克、纯净水适量，部分原料如图7–3–12所示。

图7–3–11 / 巧克力慕斯蛋糕浆料原料
图7–3–12 / 巧克力慕斯蛋糕盖面原料

吉利丁片加冰水泡软。牛奶加热后倒入巧克力隔水加热，使其融化均匀（隔水加热，不可进水，防止返沙），加入吉利丁片搅拌均匀（图7–3–13），再与打发好的（七成发）淡奶油拌匀，最后装入模具放冰箱冷藏至凝固（图7–3–14）。

图7–3–13 / 搅拌均匀
图7–3–14 / 冷藏凝固

吉利丁片泡软，再与盖面部分其他原料全部混合在一起（图7–3–15），加热搅拌均匀，完全冷却后淋在已脱模的慕斯蛋糕上（图7–3–16）。

图7–3–15 / 盖面部分
图7–3–16 / 淋面

待盖面凝固后（图7–3–17），放上巧克力配件装饰即可（图7–3–18）。

图7–3–17 / 盖面凝固
图7–3–18 / 巧克力慕斯蛋糕成品

学习与巩固

1. 慕斯蛋糕是以牛奶、__________、__________、__________或巧克力等为主要原料，以打发的淡奶油为填充材料制成的胶冻类甜品。

2. 慕斯蛋糕从口味上可分为____________、____________、____________、____________、派塔类慕斯等多种口味。

3. 使用吉利丁片应事先浸入__________泡软。

学习感想

____

____

____

任务四　翻糖蛋糕的制作

任务情境

翻糖蛋糕源于英国的艺术蛋糕。延展性极佳的翻糖可以塑造出各式各样的造型，并将精细特色完美地展现出来，造型的艺术性无可比拟，充分体现了个性与艺术的完美结合，因此成了当今蛋糕装饰的主流。翻糖蛋糕凭借其豪华精美以及别具一格的时尚元素，除了用于婚宴，还被广泛使用于纪念日、生日、庆典，甚至是朋友之间的礼品互赠。不管是翻糖大蛋糕，还是翻糖纸杯蛋糕，都能吸引人们的眼球。

任务目标

①了解翻糖面团原料的配比。
②学会几种样式花朵的制作。
③掌握几款翻糖蛋糕的制作。

面点工作室

翻糖面团的制作需要用到糖粉、玉米淀粉、泰勒粉、葡萄糖胶、白油以及吉利丁片等。

吉利丁片（7克）放到纯净水中泡软，再加入葡萄糖胶（40克）、白油（40毫升）隔水加热至融化，加入过筛糖粉（500克）、玉米淀粉（100克）、泰勒粉（7克），揉制成面团即可。如果需要调色，取适量的原色翻糖面团加入适量的各色色素揉匀即可。调制好的翻糖面团需要放在干燥通风处。

行家点拨

翻糖蛋糕制作要点

翻糖面团调色要和谐自然。
在翻糖面团中加入适量的吉利丁片可以提高其延伸性与稳定性。
包面时擀面要求厚薄均匀，与蛋糕坯的接触要求平整、美观。

任务实施

小熊翻糖蛋糕的制作

1. 训练原料

6寸蛋糕坯2个，各色翻糖面团适量，黄油酱。

2. 训练内容

制作小熊主题的翻糖蛋糕。

3. 制作方法

①部分原料、工具如图7-4-1、图7-4-2所示。

图7-4-1/小熊翻糖蛋糕原料
图7-4-2/小熊翻糖蛋糕工具

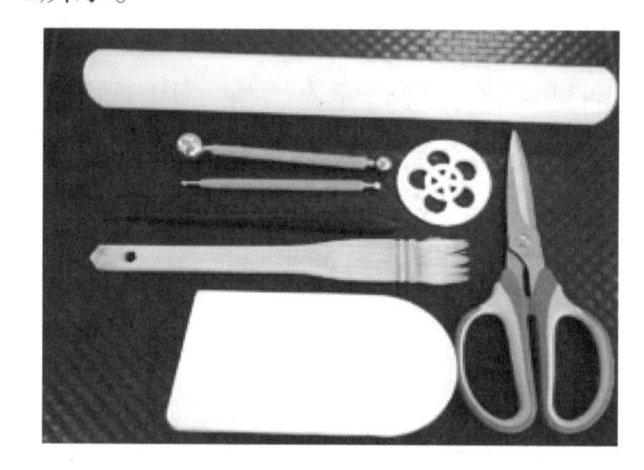

②把蛋糕坯均匀分层后，在中间与表面均匀抹上黄油酱（图7-4-3），再把白色翻糖面团用擀面杖擀开、擀薄，包住整个蛋糕坯表面（图7-4-4）。

图7-4-3/蛋糕坯涂抹黄油酱
图7-4-4/白色翻糖面团包裹蛋糕坯

③取黄色、白色、橙色翻糖面团，用擀面杖擀薄后用五角花纹模具下花瓣（图7-4-5），再用滚动压薄器压薄边缘（图7-4-6 ）。

图7-4-5/下花瓣
图7-4-6/压薄花瓣边缘

④取适量绿色翻糖面团搓成细条状作为藤条，把不同颜色的花瓣（图7-4-7）两两叠放在一起，做成花朵（图7-4-8）。

图7-4-7 / 不同颜色的花瓣
图7-4-8 / 藤条、花朵

⑤将绿色藤条与各色花朵用水粘在包好面的蛋糕上（图7-4-9、图7-4-10）。

图7-4-9 / 粘贴藤条、花朵1
图7-4-10 / 粘贴藤条、花朵2

⑥取棕褐色、白色、黑色翻糖面团，做出小熊的头部与身体（图7-4-11），然后做出腿脚与耳朵（图7-4-12）。

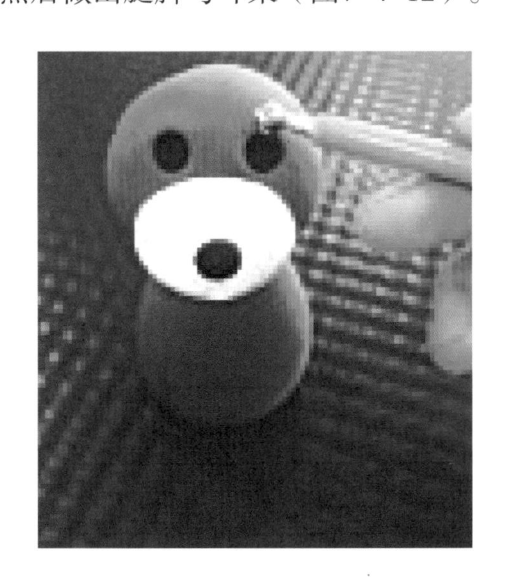

图7-4-11 / 制作小熊头部、身体
图7-4-12 / 制作小熊腿脚、耳朵

⑦ 组装小熊的手臂部分与其他小配件（图7–4–13），再把做好的小熊放在翻糖蛋糕上即可（图7–4–14）。

图7–4–13/组装小熊
图7–4–14/小熊翻糖蛋糕成品

4. 操作要求

①包面擀制要厚薄均匀，包面要服帖。

②花瓣厚薄要求适中，太厚看上去比较臃肿。

想一想

1. 翻糖包面怎样做到比较服帖?

2. 小熊的制作需要注意什么?

拓展训练

天鹅翻糖蛋糕的制作

天鹅代表高贵、优雅、纯洁与美丽，被视为忠诚和永恒爱情的象征。天鹅翻糖蛋糕在婚宴上被普遍运用。

1. 训练原料

6寸重油蛋糕坯1个，各色翻糖面团适量，黄油酱。

2. 训练内容

制作天鹅主题的翻糖蛋糕。

3. 制作方法

①部分原料、工具如图7–4–15、图7–4–16所示。

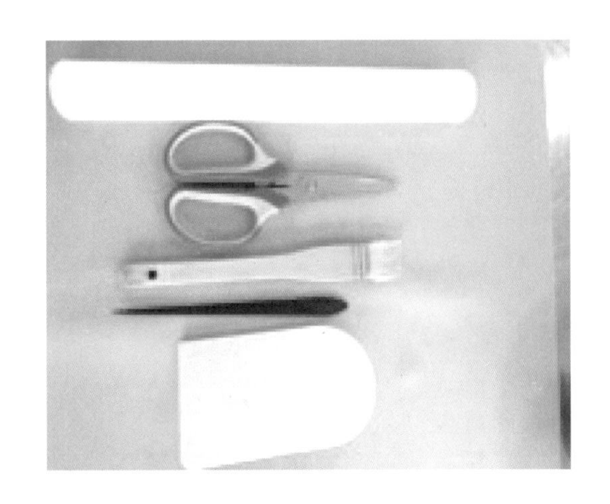

图7-4-15/天鹅翻糖蛋糕原料
图7-4-16/天鹅翻糖蛋糕工具

②把蛋糕坯均匀分层后，在中间与表面均匀抹上黄油酱（图7-4-17），再把白色翻糖面团用擀面杖擀开、擀薄，包住整个蛋糕坯表面（图7-4-18）。

图7-4-17/蛋糕坯涂抹黄油酱
图7-4-18/白色翻糖面团包裹蛋糕坯

③取白色翻糖面团一块，搓出天鹅的脖子与身体（图7-4-19），在此基础上做出天鹅嘴巴的形状和尾（图7-4-20）。

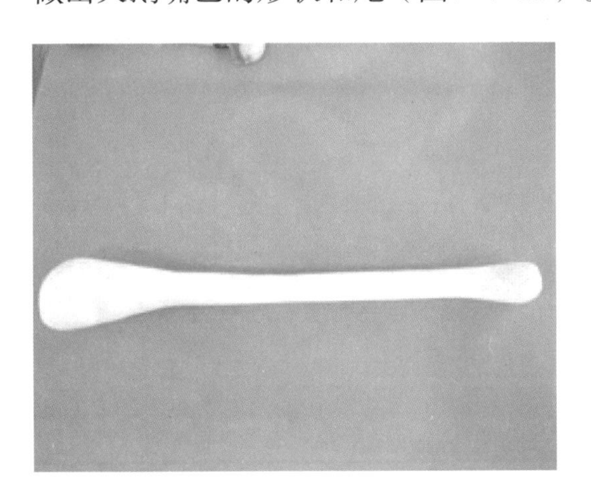

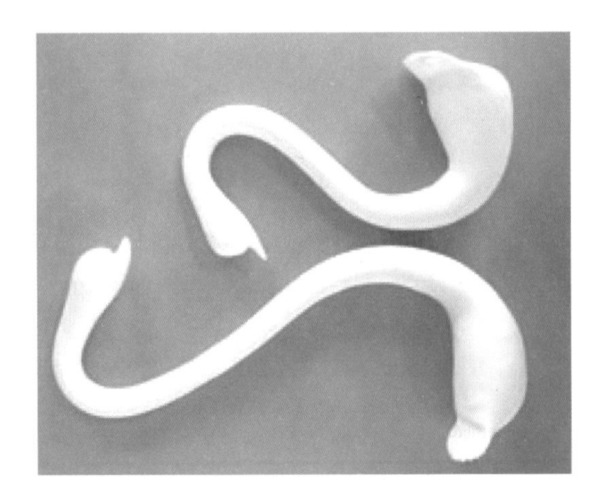

图7-4-19/搓出天鹅脖子、身体
图7-4-20/做出天鹅嘴巴的形状、尾

④取少量的红色翻糖面团做出天鹅的嘴巴（图7-4-21）。取适量的白色翻糖面团搓成柳叶形，再压出纹路成天鹅的羽瓣（图7-4-22）。

⑤把做好的羽瓣一片片摆放在圆片上（图7-4-23），形成翅膀（图7-4-24）。

图7-4-21/制作嘴巴
图7-4-22/制作羽瓣

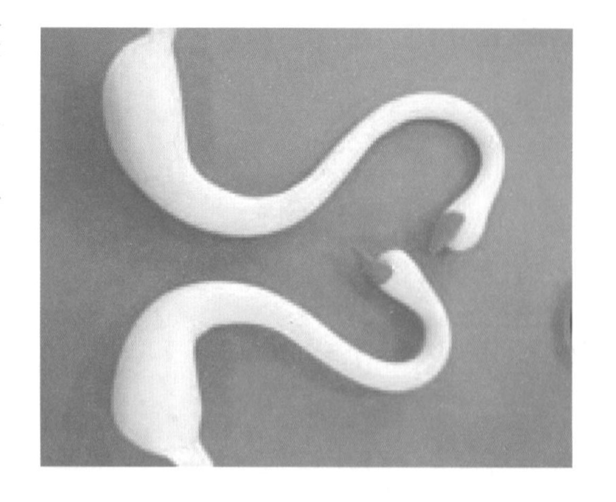

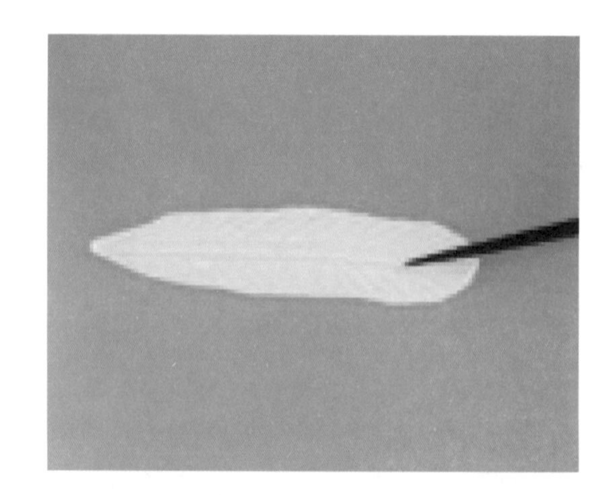

图7-4-23/摆放羽瓣
图7-4-24/形成翅膀

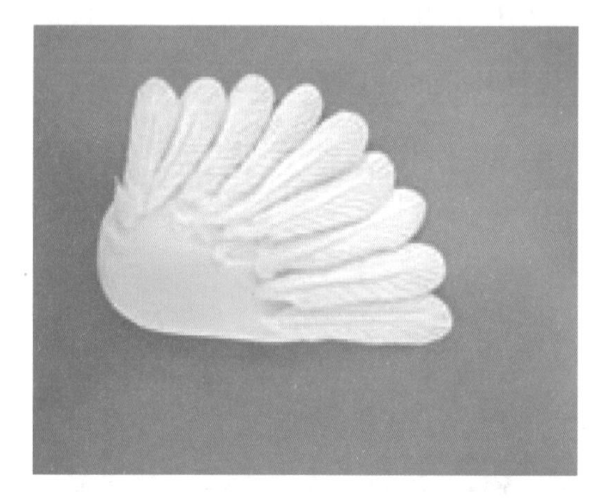

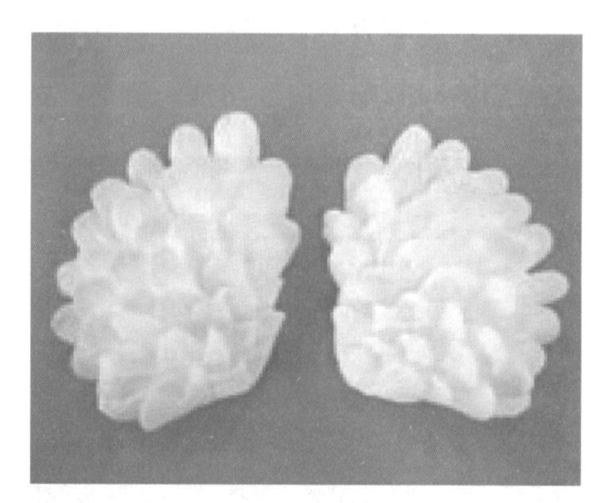

⑥取少量黑色翻糖面团装点修饰天鹅的眼睛、嘴巴（图7-4-25）。把做好的翅膀粘在天鹅身体的两边，成为完整的天鹅。把天鹅粘在翻糖蛋糕上，再在旁边及四周做上适量的球形装饰物即可（图7-4-26）。

图7-4-25/修饰眼睛、嘴巴
图7-4-26/天鹅翻糖蛋糕成品

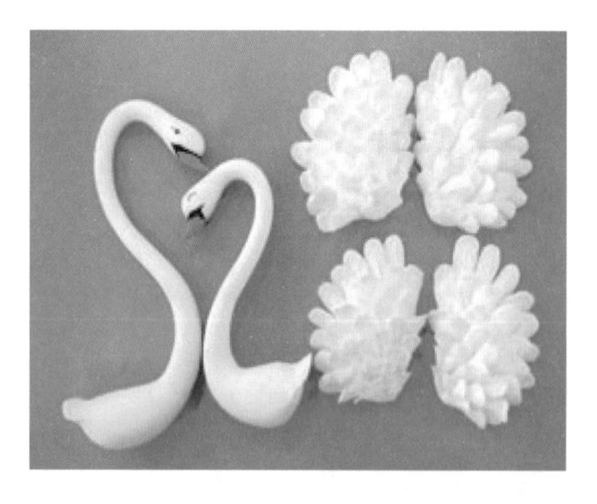

4. 操作要求

①包面擀制要厚薄均匀，包面要服帖。

②羽瓣粘贴要错落有致，要等上一排贴好微干后再贴下一排。

③了解天鹅脖子的特征，在制作过程中防止断裂。

温馨提示

①天鹅的羽瓣呈中间厚、边缘薄的柳叶形。

②根据翅膀特征摆放羽瓣，成形后羽瓣应该错落有致。

③装饰与点缀要体现天鹅优雅高贵的主题。

学习与巩固

1. 调制翻糖面团需要用____________、____________、____________、____________、____________、____________等。

2. 蛋糕包面前应在蛋糕坯表面抹上一层________。

3. 在翻糖面团中加入适量的_______可以提高其延伸性与稳定性。

学习感想

____

____

____

任务五　裱花蛋糕的制作

任务情境

裱花蛋糕是指在蛋糕表面进行裱花装饰的蛋糕，它是面点制作技术和绘画、造型艺术相结合的产物。裱花蛋糕具有芳香的味道、美观的外表、丰富的主题，最能体现西式面点的风味特点。

19世纪末裱花蛋糕已传入我国。随着我国改革开放力度加大，国内外西点制作技术交流频繁，国内的裱花蛋糕无论是品种还是表现手法都有很大进步。如今裱花蛋糕花色样式繁多，但无论哪一种，都是由蛋糕坯和表面装饰两部分组成。蛋糕坯比较常见的有海绵蛋糕、重油蛋糕、戚风蛋糕等。

任务目标

①了解鲜奶油打发的原理并把握打发程度。

②掌握抹坯的过程。

③掌握裱花与围边的制作技法。

面点工作室

打发鲜奶油时要注意：室内温度不宜过高，以25℃左右为宜；鲜奶油打发前需保证完全融化，温度以7℃～10℃为宜；打发鲜奶油要求先用中速后用慢速，打至七八成发，直至光泽消失，软峰出现；打发后的鲜奶油即可使用，如需保存要加盖冷藏。

行家点拨

裱花蛋糕制作要点

鲜奶油打发要用慢速—中速—慢速打至可以呈倒三角的鸡尾状。

用色素调制鲜奶油时要注意颜色的深浅，色素一定要与鲜奶油充分搅拌均匀，整个蛋糕的色彩布局要合理。

任务实施

裱花蛋糕的制作

1. 训练原料

8寸蛋糕坯1个，鲜奶油1瓶，糯米托、红色果酱适量。

2. 训练内容

蛋糕坯分层，制作鲜奶油夹层，抹坯，挤花边，裱玫瑰花，用红色果酱书写“生日快乐”字样。

3. 制作方法

①原料、部分工具如图7-5-1、图7-5-2所示。

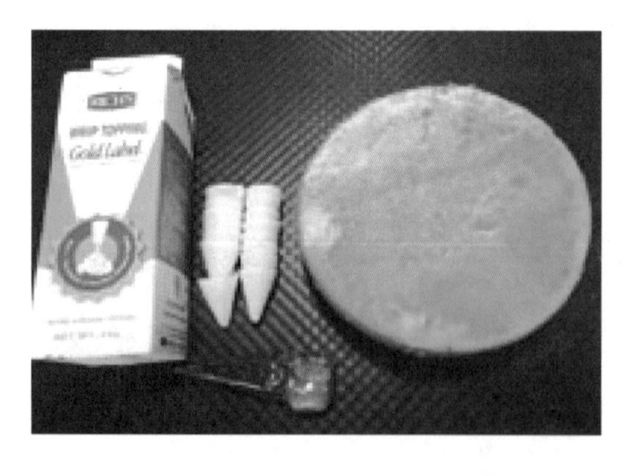

图7-5-1 / 裱花蛋糕原料
图7-5-2 / 裱花蛋糕工具

②把鲜奶油倒在搅拌桶里先慢速后中速再慢速打发至呈倒三角的鸡尾状（图7-5-3），再把8寸蛋糕坯用锯齿刀均匀地分成3层待用（图7-5-4）。

③取8寸蛋糕坯一片，在其表面均匀地抹上打发好的鲜奶油，再盖上一层蛋糕坯，如此反复（图7-5-5），再将打发好的鲜奶油用抹刀包住蛋糕坯表面，抹出直角，刮平表面（图7-5-6）。

图7-5-3/打发鲜奶油
图7-5-4/蛋糕坯分层

图7-5-5/制作鲜奶油夹层
图7-5-6/抹坯

④把抹好的蛋糕坯移到蛋糕转盘上，利用不同的齿轮花嘴做出上下两层花边（图7-5-7、图7-5-8）。

图7-5-7/制作下层花边
图7-5-8/制作上层花边

⑤在表面裱出七等份交叉花纹（图7-5-9）。用玫瑰花嘴在糯米托上裱出鲜奶油玫瑰花（图7-5-10）。

图7-5-9/制作交叉花纹
图7-5-10/制作鲜奶油玫瑰花

⑥在表面交叉放上裱好的玫瑰花（图7-5-11）。用红色果酱写上“生日快乐”字样（图7-5-12）。

图7-5-11/摆放裱好的玫瑰花
图7-5-12/写“生日快乐”字样

4. 操作要求

①蛋糕坯分层要均匀。

②用鲜奶油抹坯时要均匀，做出直角。

③整体布局要求合理、美观大方。

想一想

1. 打发鲜奶油要注意什么?
2. 蛋糕抹坯切边怎样做到干净利落，做出直角?

拓展训练

芭比娃娃蛋糕的制作

芭比娃娃蛋糕因造型美观、可爱，深受人们的喜爱。在鲜奶油里加入各种颜色的色素，运用多种裱花手法，可以做出造型各异、美丽可爱的款式。

1. 训练原料

8寸、6寸蛋糕坯各1个，鲜奶油1瓶，黄桃粒150克，布丁100克，黄色、粉色、绿色、橙色色素适量，巧克力。

2. 训练内容

蛋糕坯分层后加入馅料，修坯成锥形，在其表面抹上鲜奶油，再用各种颜色的鲜奶油裱挤出裙子，最后用巧克力牌装饰。

3. 制作方法

①部分原料、工具如图7-5-13、图7-5-14所示。

② 把8寸和6寸的蛋糕坯用锯齿刀均匀地分成3层待用（图7-5-15、图7-5-16）。

③取8寸蛋糕坯一片，在其表面均匀地抹上鲜奶油，铺上黄桃粒，再盖上一层蛋糕坯，如此反复，把6片蛋糕坯全部堆起来，用剪刀修去多余的蛋糕，使其成为锥形（图7-5-18）。

图7-5-13/芭比娃娃蛋糕原料
图7-5-14/芭比娃娃蛋糕工具

图7-5-15/蛋糕坯分层
图7-5-16/分层的蛋糕坯

图7-5-17/修剪
图7-5-18/锥形蛋糕坯

④把打发好的鲜奶油均匀地抹在锥形蛋糕坯表面（图7-5-19），再用保鲜膜包住芭比娃娃的下半身，插在蛋糕坯中（图7-5-20）。

⑤用牙签在蛋糕坯鲜奶油外面划出轮廓（图7-5-21），用黄色鲜奶油裱挤出裙子前面的皱褶（图7-5-22）。

⑥把调好颜色的粉红色鲜奶油装入裱花袋中，裱挤出裙子后面的皱褶（图7-5-23）。在裙子前面皱褶下部，用黄色鲜奶油拉丝（图7-5-24）。

图7-5-19/抹坯
图7-5-20/插入芭比娃娃

图7-5-21/划出轮廓
图7-5-22/裱挤裙子前面的皱褶

图7-5-23/裱挤裙子后面的皱褶
图7-5-24/拉丝

⑦用黄色鲜奶油挤出蕾丝上衣，然后在裙子的四周裱挤上橙色的玫瑰花，再在花朵的中间放上“生日快乐”牌点缀，用绿色的鲜奶油裱挤出蝴蝶结与小花点缀（图7-5-25），调整细节形成成品（图7-5-26）。

4. 操作要求

①鲜奶油调色要均匀、自然。

②芭比娃娃裙子的比例分布要均匀、协调。

③鲜奶油裱挤要迅速、干净利落、一气呵成。

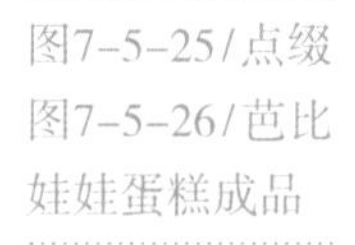

图7-5-25/点缀
图7-5-26/芭比娃娃蛋糕成品

温馨提示

20世纪十二生肖以及龙凤裱花蛋糕非常流行。随着时代发展，越来越多采用动物奶油代替植物奶油，动物奶油含水分多、油脂少、易融化，不易保持造型。因此，现在多采用新鲜水果、巧克力或者裱花头挤出的造型直接装点蛋糕。

学习与巩固

1. 鲜奶油打发要注意________________；________________；________________；________________。

2. 鲜奶油调色要________________、________________、________________。

学习感想

____

____

____

项目八　西点面包

项目描述

面包是经过发酵的一类烘焙西点，是以面粉、酵母和水为主要原料，添加泡打粉、面包改良剂、油脂、乳品、果料等，经过发酵、整形、成形、饧发、烘焙、冷却等过程加工而成的食品。

面包品种繁多，按照柔软度，面包主要分为软质面包和硬质面包两大类。按照风味，面包可分为主食面包、花色面包、调理面包、酥油面包。按照烘焙方法，面包还分为装模烘焙的面包、在烤盘上烘焙的面包、直接在烤炉上烘焙的面包。

刚刚学习了各种蛋糕制作的小王，看着烘焙房里刚出炉的香喷喷的面包，想着自己什么时候能亲手制作一个……

项目分析

制作面包时，会出现各种问题，如面包表皮颜色不好看、吃起来不够柔软、体积太小等。小王会因为这些问题半途而废吗？小王在学校学习了小餐包、一些软质面包的制作，都是在老师的指导下进行的，现在去酒店跟随师傅实习，只能多看、多体会、多实践了。

项目目标

①了解面包的相关原料知识，认识面包制作的常用工具、设备。

②了解面包制作的膨松原理。

③掌握面包的制作方法。

④了解面包制作过程中常见的问题以及原因。

⑤掌握几种常见面包的制作方法和操作要领。

项目实施

任务一　面包制作基础知识

任务情境

面包既可以当主食，也可以做点心，广受欢迎。例如，主食面包，是当作主食来消费的，配方中辅料较少；而点心面包的配方中油脂、糖、鸡蛋、乳品含量较高，是代替点心食用的面包。

任务目标

①了解面包的相关原料知识。

②认识面包制作的常用工具、设备。

③了解面包制作的基本原理。

④掌握面包的特点。

面点工作室

一、面包制作的基本原料

面粉是制作面包的最主要原料，品种繁多，在使用时应根据需要进行选择。好的面粉闻起来有新鲜而清淡的香味，嚼起来略具甜味，凡是有酸味、苦味、霉味和腐败臭味的面粉都属于变质面粉。

泡打粉是一种复合疏松剂，又称为发泡粉或发酵粉。泡打粉在烘焙过程中辅助酵母发酵，帮助释放更多的二氧化碳，使得制品达到膨胀及松软的效果。但是过量使用泡打粉反而影响成品风味及外观。

面包改良剂是用于面包制作的一种烘焙原料，可以促进面包柔软，增加面包的弹性，并有效延缓面包老化，延长货架期。

酵母在面包烘焙过程中产生二氧化碳，具有膨大面团的作用。发酵时产生的酒精、酸、酯等芳香物质，还能形成特殊香味。

在面包中添加乳品能大大提高成品的营养价值，增加风味，还能改善成品的形状、光泽，延长成品的保存期。

在面包中添加油脂，能大大提高面团的可塑性，并使成品表皮柔软光亮。

盐在大多数烘焙食品中是一种重要的调味料，适量的盐可以增进原料特有的风味。盐可以增强面团的韧性和弹性，还可以改良发酵品表皮的颜色，降低面糊的焦化。

烘焙专用奶粉是以天然牛乳蛋白、乳糖、动物油脂混合而成的，采用先进加工技术制成，含有乳蛋白和乳糖，风味接近奶粉，具有体积小、重量轻、耐保藏和使用方便的特点。烘焙专用奶粉可以使烘焙制品颜色更加诱人、香味更加浓郁。

面包里加入蜂蜜能增加风味，还能改良品质。蜂蜜中含有大量果糖，果糖具有吸湿和保持水分的特性，能使面包保持松软、不变干。

二、面包制作的常用工具和设备

和面机：主要用来搅和各种粉料。和面机的工作效率比手工操作效率高5~10倍，是面包制作过程中不可或缺的工具。

打蛋机：在面包制作过程中，用于搅拌各种液体和糊状的原料，可使搅拌工作更加快速、均匀。打蛋机每次用完均应清洗干净。

模具：大小、形状各异，制作不同形状的面包时选用对应的模具。模具每次用完均应清洗干净。

电子秤：用来称量面粉等各种原料。

各种刀具：用来分割面团等。

烤箱：一般采用电烤箱或者燃气烤箱。电烤箱因上下都有发热导线，所以制品成熟比较快。烤箱的质量在一定程度上影响制品成品的质量。

三、面包制作的膨松原理

面包面团的发酵，主要是由构成面包的基本原料（面粉、酵母、水、盐）的特性决定的。在面包发酵过程中，起主要作用的是蛋白质和碳水化合物。面粉中的蛋白质能够吸水膨胀形成面筋质，面粉中的碳水化合物主要是淀粉，在适宜条件下转化为麦芽糖进而转化为葡萄糖供给酵母菌发酵所需能量。酵母是一种生物膨松剂，面团中加入酵母以后，酵母菌吸收养分生长繁殖产生二氧化碳，使面团形成膨大、松软、蜂窝状的组织结构。水是面包制作的重要原料，面粉中的蛋白质充分吸水，形成网络，面粉中的淀粉受热吸水糊化，水还可以促进淀粉酶对淀粉的分解，帮助酵母菌生长繁殖。盐可以提高面团的筋性，增加弹性，可以调节发酵速度。其他辅料，如糖是酵母菌能量的来源，油脂对发酵面团起到滑润作用，鸡蛋和乳品可以改善发酵面团的组织结构，提高面筋质强度，使面团有张力。

影响面包发酵的主要因素有以下六种。

一是酵母的质量和数量：一般要求干酵母的发酵力在600毫升以上，鲜酵母的发酵力在650毫升以上。使用标准粉，酵母用量在0.8%~1%；使用精粉，酵母用量在1%~2%。

二是糖类：酵母菌发酵只能利用单糖。酵母菌在发酵过程中所需的单糖来自两个部分，一是面粉中的淀粉经过一系列水解生成单糖，二是配料中加入的蔗糖经酶水解生成单糖。

三是温度：酵母菌适宜的活动温度为25℃~28℃。如果低于25℃，会影响发酵速度而延长制作时间；如果提高温度，可能会抵制发酵，且温度过高为醋酸菌等杂菌生长创造条件，进而影响成品质量。

四是加水量：制作面包的面团中的加水量要根据面粉的吸水能力和面粉中蛋白质含量多少而定。不同种类面粉的蛋白质含量及吸水能力不同。面粉中蛋白质含量高则吸水能力高，反之，吸水能力低。

五是面粉：来自面粉的影响主要是面粉中面筋质和酶的含量以及面粉的新陈程度。

六是酸度：面团pH为5.5时，对气体的保持能力最强，面团体积最大。

四、面包的特点

一是富有营养。面包是一种营养丰富、松软可口的食品。面包以小麦粉为主要原料，以糖、鸡蛋、乳品、油脂为辅料，加入酵母发酵、成形、饧发、烘烤而成，具有很高的营养价值。

二是容易消化吸收。面包的消化吸收率较高，其中糖的消化吸收率为97%，蛋白质为85%。面包消化吸收率高是因为面包结构疏松，内部有大量的蜂窝组织，扩大了面包与消化器官中各种酶的接触面，从而促进消化吸收。面包经两次发酵后，淀粉等物质在酶的作用下分解成结构更简单、更易于消化的物质。此外，面包本身色香味俱全，可以引起人们的食欲，令口腔中大量分泌唾液，从而提高面包的消化吸收率。

三是食用方便。面包的食用方法多种多样，可以做主食，也可以做点心，还可以和其他菜肴、小吃、饮品搭配食用。

四是便于储存。面包是经过烘焙的产品，含水量为35%~42%，加上高温烘烤，杀菌比较彻底，因此容易保存。

想一想

1. 怎样制作小餐包？如何进行面包的二次发酵？

2. 如何制作面包？

行家点拨

面包制作过程中常见的问题以及原因

出炉后的面包体积小：主要和酵母用量、面粉质量、面团配比、搅拌速度、发酵时间、温度、烤盘涂油量等有关。

面包烘烤后表面下塌：饧发过度；烘烤不足；面团操作时已经老化；操作时没有经过必要的排气。

面包表皮太厚：面粉筋性太强，面团量不足；油脂用量不当，糖、乳品用量少，面包改良剂太多；发酵太久或缺少淀粉酶；烘烤时湿度和温度不正确；烤盘涂油太多；受机械损害。

出炉后的面包内部有空洞：采用刚磨出的新粉；水质不符合要求；盐少或者油脂硬；面团搅拌不均匀、过久或者不足，搅拌速度太快；撒粉多；烤箱温度不够或者烤盘太大。

佳作欣赏

图8-1-1/树叶面包
图8-1-2/红叶面包

图8-1-3/蝴蝶面包
图8-1-4/皇冠面包

图8-1-5/农夫包
图8-1-6/法棍

学习与巩固

1. 面包是以__________、__________和_________为主要原料，添加泡打粉、面包改良剂、_______、_______和_______等，经过发酵、整形、成形、_______、_______、_______等过程加工而成的食品。

2. 影响面包发酵的主要因素有酵母的质量和数量、酸度、_______________、_______________、_______________和_______________。

3. 面包具有_________________、_________________、___________________、_________________的特点，既可以做主食，又可以做点心。

4. 出炉后的面包体积很小，主要和酵母用量、______________、____________、____________、____________、温度、烤盘涂油量等有关。

学习感想

____

____

____

任务二　硬质面包的制作

任务情境

硬质面包以法棍最具有代表性，法棍表面色泽金黄，表皮又薄又脆，内部蜂窝组织较大，口感富有嚼劲。

任务目标

①掌握法棍的用料配比及成形技法。

②掌握法棍的饧发与烘焙技巧。

面点工作室

法棍的配方简单实用，只需用面粉、水、盐和酵母四种基本原料，通常不加糖、乳品和黄油。这种完全不添加油脂的基本配方是法式面包的代表类型，它最能充分发挥出小麦的特性及原始风味。

法棍由最简单的原料烘烤而成，最大的特点就是低糖、低脂肪。法棍依靠酵母的发酵与烤箱的高温烘烤，具有表皮香脆、内部松软、弹性佳、咬劲十足的特点，被人们接受和喜爱。

行家点拨

法棍制作要点

造型粗细均匀，需排空面团组织内较大的气泡。

饧至七成发，开包入刀角度要和面团成45°，用力均匀、深浅一致。

高温喷蒸汽烘烤。

任务实施

法棍的制作

1. 训练原料

高筋粉800克，低筋粉200克，酵母10克，盐16克，水600克。

2. 训练内容

根据配方调制面团，成形，饧发，烘烤成熟。

3. 制作方法

①原料和部分工具如图8-2-1、图8-2-2所示。

②将面粉、酵母倒入盆中，加入水，搅拌成表面光滑的面团（图8-2-3），再加入盐搅拌均匀，至面团能拉出膜即可（搅拌好的面团中心温度最好控制在25℃左右）。揉好面团用保鲜膜盖住，静置60分钟，分割面团，每份约300克，静置饧发30分钟左右（图8-2-4）。

③将面团拍扁，卷成圆柱形（图8-2-5）。接口朝下，搓成长条摆放到波纹烤盘里，然后放到饧发箱里饧发（图8-2-6），保持温度30℃、湿度70%~80%。

图8-2-1/法棍原料
图8-2-2/法棍工具

图8-2-3/搅拌成团
图8-2-4/面团静置饧发

图8-2-5/面团成形
图8-2-6/饧发箱饧发

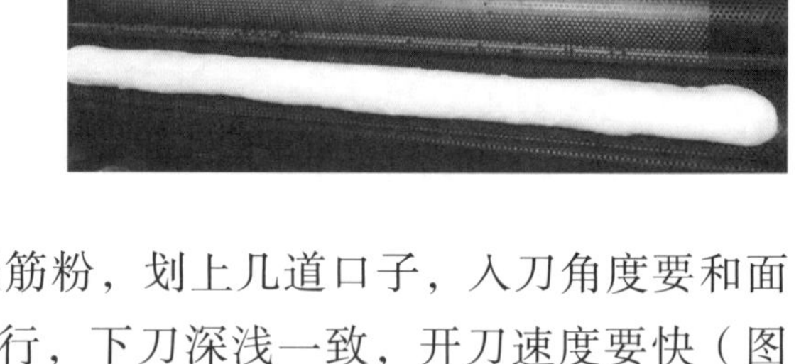

④在饧发好的面坯上筛上少量的低筋粉，划上几道口子，入刀角度要和面团成45°，方向要和纵向中心线几乎平行，下刀深浅一致，开刀速度要快（图8-2-7）。成品的割痕要完全张开成橄榄形。

⑤放入预热好的烤箱烘烤，面火240℃、底火220℃，喷蒸汽，使面团均匀快速膨胀，烤25分钟左右至法棍表面呈金黄色即可（图8-2-8）。

图8-2-7/开刀
图8-2-8/法棍成品

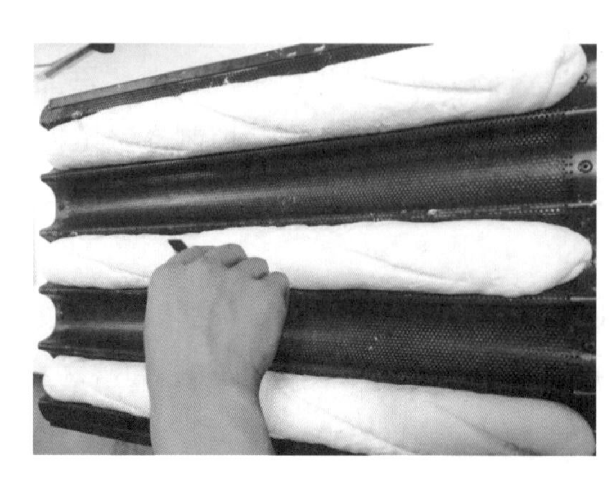

4. 操作要求

①面团需经两次饧发。

②开刀深浅一致，开口张开成橄榄形。

③喷蒸汽高温烘烤。

想一想

1. 法棍成形过程中需要注意什么，应该怎样下刀开口？

2. 法棍为什么要喷蒸汽烘烤？

拓展训练

蒜蓉面包的制作

蒜蓉面包属于法式面包，是法式下午茶必不可少的一部分，特点是色泽金黄、蒜香浓郁、焦香酥脆、口味独特。蒜蓉面包的制作也非常简便，将法棍切薄片后涂上蒜蓉酱，入烤箱烤至表面金黄即可。

蒜蓉酱原料包括黄油200克、淡奶油50毫升、绵白糖70克、色拉酱40克、大蒜40克、盐适量、干葱适量（图8-2-9）。

图8-2-9/蒜蓉酱原料

图8-2-10/蒜蓉酱

将大蒜压成泥与其他原料搅拌均匀即成蒜蓉酱（图8-2-10）。将调好的蒜蓉酱均匀地涂在法棍切片上（图8-2-11），进烤箱用210℃烤至表面金黄即可拿出装盘（图8-2-12）。

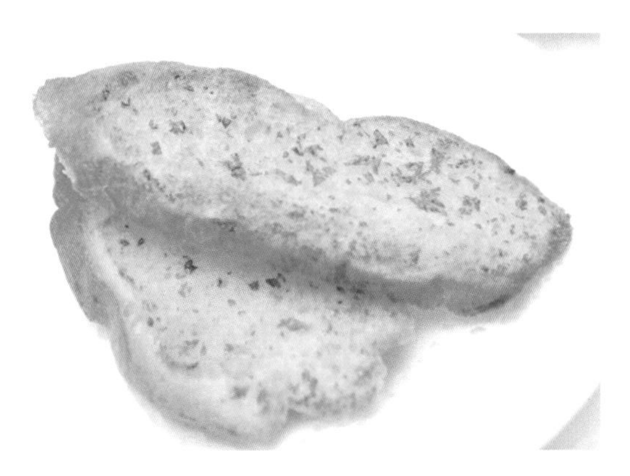

图8-2-11/涂蒜蓉酱

图8-2-12/蒜蓉面包成品

温馨提示

①面团开刀时，刀具要选择锋利的，如剃须刀片、美工刀等。

②法棍制作要采用高温喷蒸汽烘烤方法。

学习与巩固

1. 法棍是用__________、__________、__________和水为基本原料制作而成的面包。

2. 法棍的饧发温度控制在_______，湿度控制在_______。

学习感想

____

____

____

任务三　软质面包的制作

任务情境

面包的品种多样，制作工艺各有特色，是西点中的主要种类之一。随着烘焙业不断发展，新口味、新创意、健康又美味的面包层出不穷。肉松包是软质面包的一种，是一类由高筋粉、酵母、水、盐、黄油、白糖、鸡蛋为主要原料，经过搅拌、发酵、分割、搓圆、成形、饧发、烘烤等制作而成的组织松软的面包。

任务目标

①掌握肉松包的制作方法。

②了解毛毛虫面包的制作方法。

面点工作室

软质面包是以高筋粉、酵母、白糖、盐、面包改良剂、鸡蛋、水、黄油为主要原料，经过面团的调制、发酵、整形、成形、饧发、烘烤等工序加工而成的面包。面团在一定的温度下发酵，面团中的酵母菌利用糖迅速生长繁殖，产生大量二氧化碳，使面团体积增大，形成结构疏松、多孔且质地柔软的制品。

行家点拨

软质面包制作要点

面团搅打至能拉出一张薄膜即可。

生坯饧发时要控制好温度、湿度与时间，饧发时间过长，容易发酸。

任务实施

肉松包的制作

1. 训练原料

高筋粉1 000克，水460毫升，鸡蛋100克，白糖200克，盐10克，面包改良剂4克，干酵母10克，奶粉40克，黄油80克，辣味肉松适量，色拉酱适量。

2. 训练内容

按照配方调制面团，分割，搓圆，成形，饧发，烘烤，冷却，装饰。

3. 制作方法

①原料和部分工具如图8–3–1、图8–3–2所示。

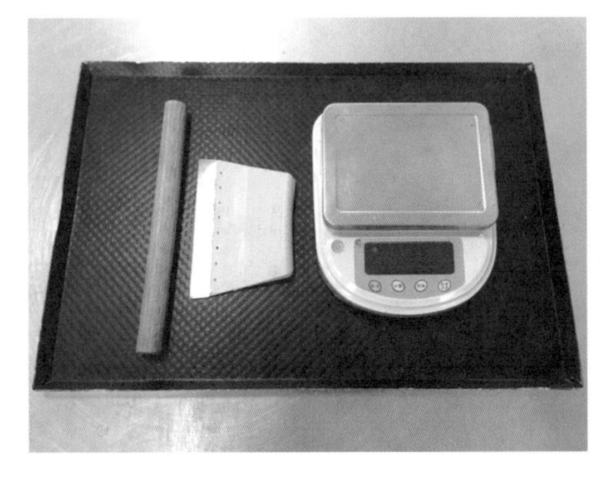

图8–3–1 / 肉松包原料
图8–3–2 / 肉松包工具

②把高筋粉、白糖、盐、干酵母、面包改良剂、奶粉、水、鸡蛋一起倒入搅拌桶内匀速搅拌成团（图8–3–3），再加入黄油，快速将面团搅打至形成面筋质且表面有光泽、具延伸性，面团用手拉时能形成透明薄膜（图8–3–4）。

图8-3-3/原料搅拌成团
图8-3-4/调制好的面团

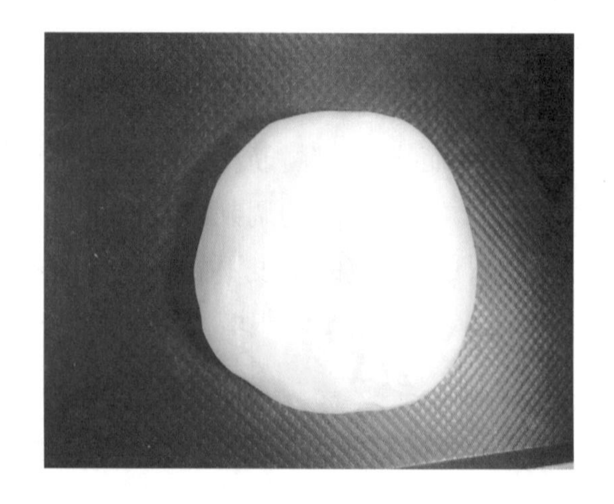

③将调制好的面团分割成每个约70克的小面团，搓圆，整齐地摆放在烤盘内（图8-3-5），再将小面团搓成橄榄形生胚，整齐地摆放在烤盘内（图8-3-6）。

图8-3-5/搓圆分割的小面团
图8-3-6/橄榄形生胚

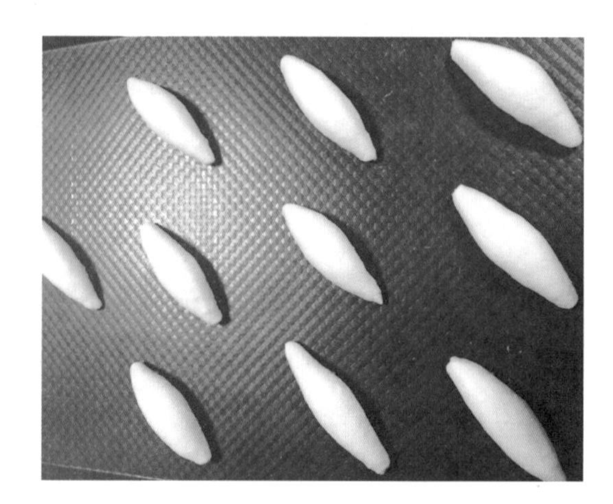

④入饧发箱饧发，饧发箱温度为38℃，湿度为85%，饧发50~60分钟，饧发面团体积膨大至原来的1.5~2倍（图8-3-7）。在面团表面刷一层蛋液，放入烤箱，面火190℃、底火150℃，烘烤15分钟，至成熟上色即可出炉（图8-3-8）。

图8-3-7/饧发好的生胚
图8-3-8/烘烤成熟的面包

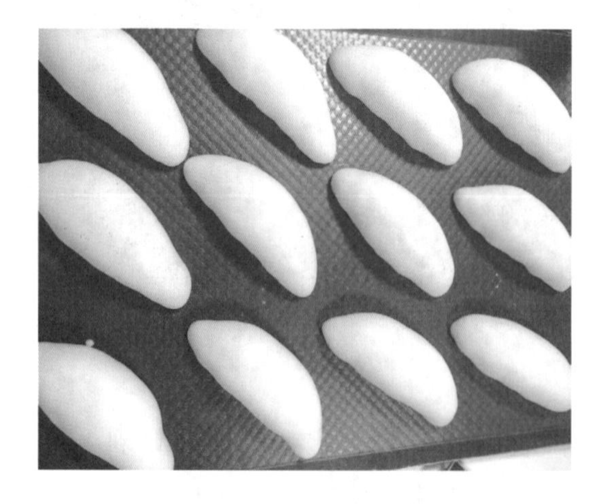

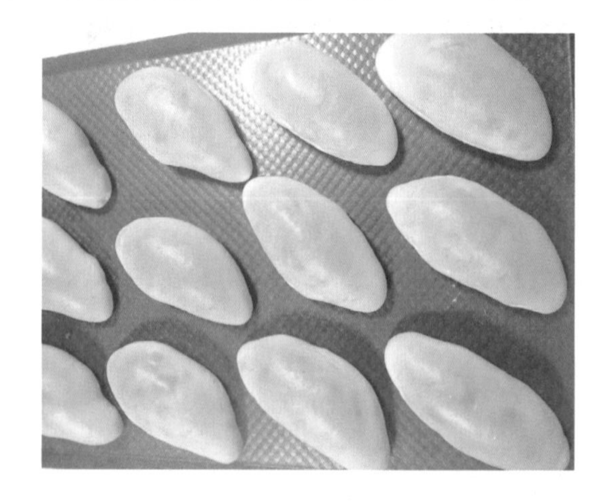

⑤面包出炉冷却后，在表面直切一刀，在面包内部和表面抹上适量沙拉酱（图8-3-9），在面包表面撒上适量辣味肉松即可（图8-3-10）。

图8-3-9/面包内部和表面抹沙拉酱
图8-3-10/肉松包成品

4. 操作要求

①搅打面团时要打至面团形成面筋质且表面有光泽、具延伸性，面团用手拉时能形成透明薄膜。

②面团分割、搓圆、整形速度要快，使生胚表面完整、光洁。

③要掌握好烘烤温度与时间，防止外焦里生。

想一想

1. 用烤箱烤制肉松包时需要注意什么?

2. 肉松包还可以做成什么造型? 成熟的橄榄形面包装饰时还可以添加什么原料、呈现何种口味?

拓展训练

毛毛虫面包的制作

毛毛虫面包的配方、制作方法跟肉松包差不多，根据个人喜好不同，可以在毛毛虫面包里挤入鲜奶油或果酱，也可以添加水果粒，制作各种口味的毛毛虫面包。

原料和肉松包类似，色拉酱、辣味肉松换为鲜奶油、泡芙酱。调制面团方法同肉松包，将面团分割成每个约70克的小面团，搓圆整齐地摆放在烤盘内，然后将小面团搓成长条形生胚。

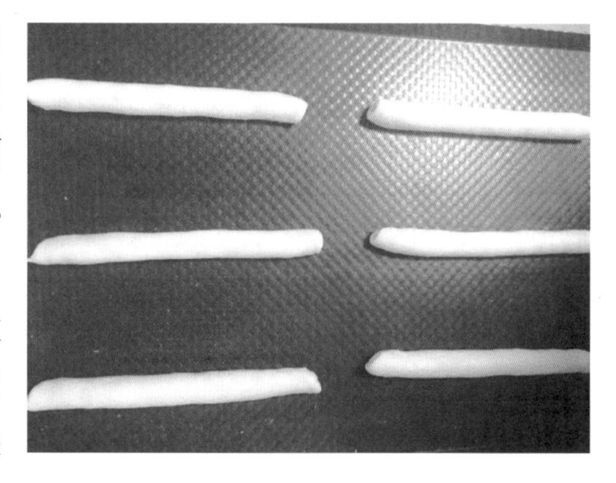

图8-3-11/长条形生胚

入饧发箱饧发（图8-3-11），饧发箱温度为38℃，湿度为80%，饧发时间50~60分钟，饧发至面团体积膨大为原来的1.5~2倍即可（图8-3-12），在表面挤上泡芙酱（图8-3-13）。

放入烤箱，面火190℃、底火150℃，烘烤15分钟，至成熟上色即可出炉，出炉冷却后，在毛毛虫面包侧面水平切一刀，向内部挤适量鲜奶油作为馅心（图8-3-14），最后在毛毛虫面包表面撒少许糖粉即可（图8-3-15）。

图8-3-12 / 饧发好的毛毛虫生胚
图8-3-13 / 挤上泡芙酱的毛毛虫生胚

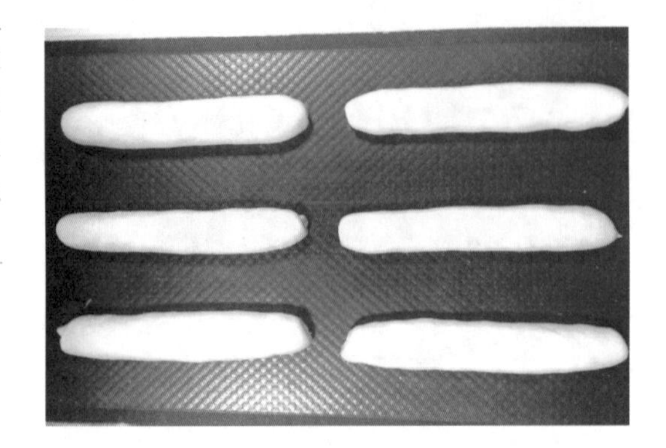

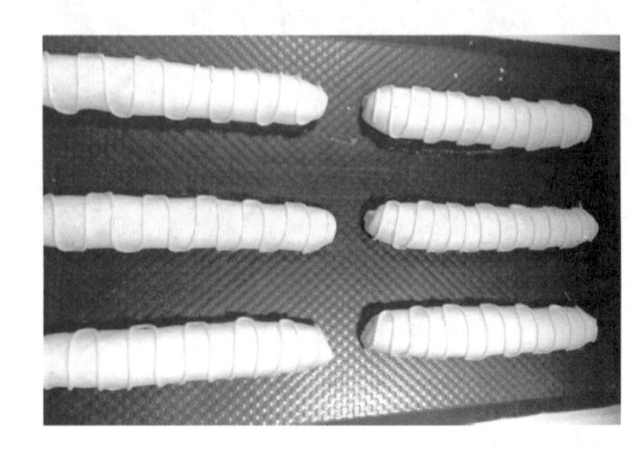

图8-3-14 / 挤上奶油馅心
图8-3-15 / 毛毛虫面包成品

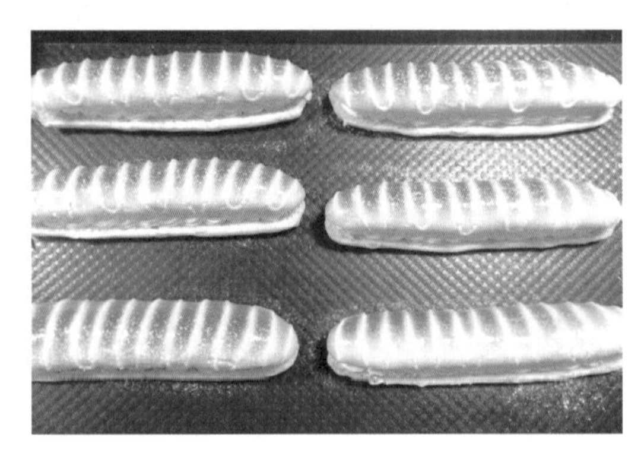

温馨提示

①搅打面团的目的是使面团中的淀粉黏结，气泡消失，蛋白质均匀分布，以便产生有弹性的面筋网络，增加面团的筋性。揉匀、揉透的面团内部结构均匀，外表光润爽滑。

②控制好烘烤的时间与温度，中途尽量避免开烤箱，防止外焦内生，成品以色泽淡黄或金黄者为佳。

学习与巩固

1. 制作肉松包的面团是用高筋粉、__________、__________、__________、__________、白糖、鸡蛋为主要原料调制而成的。

2. 肉松包饧发的温度与湿度分别是________和________。毛毛虫面包烘烤的温度与时间分别是________、________和________。

学习感想

____

____

____

任务四　创意面包的制作

任务情境

现在的面包，造型繁多，样式漂亮，组织细腻，色彩搭配艳丽诱人。在中国，也出现了许多融合中式面点造型的创意面包，如扇子形、花朵形、各种小动物造型的面包，既有美味的口感，又给人带来视觉上的享受。

任务目标

①了解几种风味面包。

②掌握1~2种创意面包的制作过程与方法。

面点工作室

主食面包，糖和油脂的比例较其他面包低，糖的用量一般不超过10%，油脂不超过6%，不添加过多的辅料，主食面包主要包括平顶或者弧顶枕形面包、法式面包等。

花色面包包括夹馅面包、表面喷涂面包、油炸面包圈等。此类面包糖的用量为12%~15%，油脂用量为7%~10%，其他辅料如鸡蛋、牛奶等配比属于中等水平。与主食面包相比，花色面包结构更为松软，体积大，风味优良，除面包本身的滋味以外，尚有其他原料的香味和风味。

调理面包属于二次加工的面包，是用烤熟后的面包经二次加工而成的，如三明治、汉堡包、热狗。调理面包实际上是从主食面包派生出来的产品。

酥油面包也称为可颂面包。它是以高筋粉、酵母、水、盐、黄油、白糖、鸡蛋和起酥油为主要原料，经过搅拌、开酥折叠、成形、饧发、烘烤而制成的表面金黄、内部松软的一种面包。由于配方中使用的油脂较多，所以酥油面包属于面包中档次较高的产品。酥油面包吃口酥软爽口，风味奇特，香气浓郁，备受欢迎。

创意面包是结合中式面点的造型制作出来的形象逼真、香气诱人、色彩艳丽的一类面包，属于花色面包的延伸产品。

行家点拨

创意面包制作要点

面团饧发以后分割大小应比例恰当。

为使成品表面色泽金黄，烘烤前需刷蛋液或者奶水。

面点工作室

长寿龟面包的制作

1. 训练原料

主面团：

A. 高筋粉900克，低筋粉100克，干酵母10克，面包改良剂3克，白砂糖140克，蜂蜜30克，炼乳30克，盐12克，鸡蛋100克；

B. 黄油120克。

巧克力皮：

A. 黄油60克，猪油40克；

B. 绵白糖200克，麦芽糖7克；

C. 鸡蛋17克；

D. 低筋粉230克，小苏打2克，奶粉5克，可可粉15克。

2. 训练内容

按照配方调制面团，饧发，分割面团，成形，饧发，烘烤，冷却，装饰。

3. 制作方法

①部分原料和工具如图8-4-1、图8-4-2所示。

图8-4-1/长寿龟面包原料

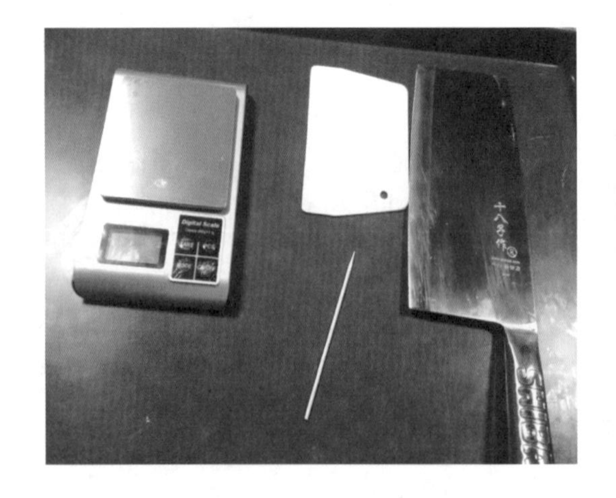

图8-4-2/长寿龟面包工具

②主面团调制。将配方中的A材料全部放入面缸里搅拌，直到面团上劲后加入黄油，搅打至面团能拉出薄膜即可（图8-4-3）。将调制好的面团分割成一大五小的面团搓圆（图8-4-4）。

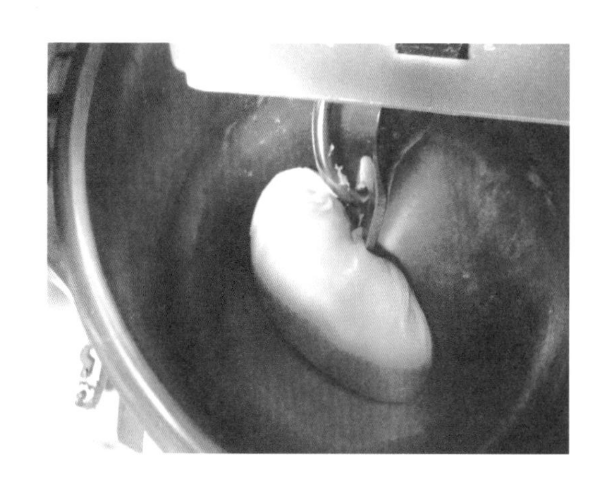

图8-4-3/调制面团
图8-4-4/分割成一大五小的圆形面团

③6个面团（其中龟身体每个约40克，头部每个约8克，脚每个约5克）依照长寿龟形状滚圆或者搓尖，分别做成长寿龟的身体、头以及四只脚，用蛋液粘连，摆出造型，饧发（图8-4-5）。

④巧克力皮调制。配方中A、B材料放一起拌匀，依次加入C、D拌匀，擀薄（图8-4-6），用线压出纹路，制作长寿龟龟壳。

图8-4-5/大小面团组合成形
图8-4-6/巧克力色面团擀薄

⑤主面团饧发好后，盖上巧克力皮，刷上蛋液，用巧克力豆装饰出眼睛（图8-4-7）。进烤箱，烘烤温度为面火200℃、底火170℃，烘烤上色即可（图8-4-8）。

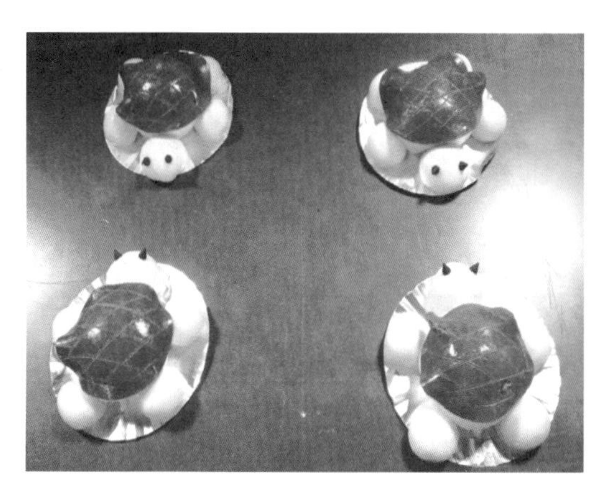

图8-4-7/组装龟壳、眼睛
图8-4-8/长寿龟面包成品

4. 操作要求

①面团要搅打上劲，用手拉时能形成透明薄膜即可。

②饧发得当，比例恰当。

③烘烤温度和时间恰当。

1. 为什么要按照重量分割面团?
2. 烘烤时需要注意什么?

拓展训练

熊掌面包的制作

熊掌面包形似熊掌，奶味香浓，质地松软。熊掌面包的加工工艺类似长寿龟面包，面团经搅打上劲后，成形，饧发，烤制时压上另一个烤盘，用黑巧克力装饰。

熊掌面包原料包括高筋粉500克、白砂糖100克、盐5克、干酵母5克、面包改良剂1.5克、奶粉20克、鸡蛋25克、黄油40克、黑巧克力适量、可可粉适量。

部分原料如图8-4-9所示。

将除黄油、黑巧克力、可可粉以外的原料放入面缸里搅拌，直到面团上劲后加入黄油，搅打到面团能拉出薄膜即可（图8-4-10）。

图8-4-9/熊掌面包原料
图8-4-10/调制面团

将调制好的面团分割成一大四小的面团，其中掌心部分每个约36克，熊爪每个约6克（图8-4-11），搓圆松弛后摆出熊掌造型（图8-4-12）。

将熊爪和掌心部分用蛋液粘连起来（图8-4-13），饧发之后，在烤盘的四角分别放一个蛋挞模具，盖上高温布，再压上另一张烤盘，面火210℃、底火190℃烘烤15分钟（图8-4-14）。

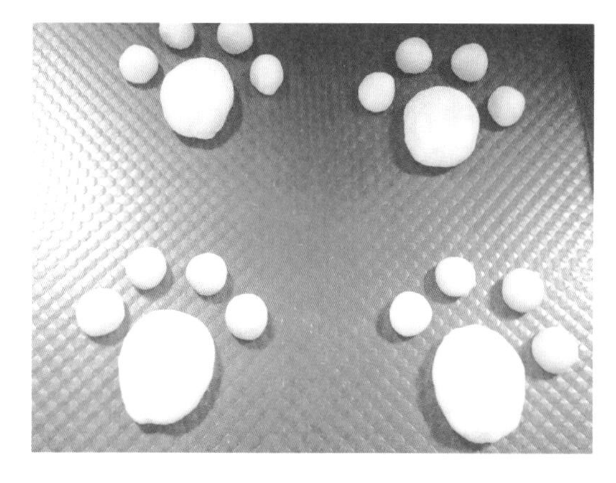

图8-4-11/分割面团
图8-4-12/摆出熊掌造型

图8-4-13/成形
图8-4-14/烘烤成形

冷却后用融化的黑巧克力、可可粉装饰即可。图8-4-15所示为裱花袋、蛋挞模具、高温布，图8-4-16所示为熊掌面包成品。

图8-4-15/裱花袋、蛋挞模具、高温布
图8-4-16/熊掌面包成品

温馨提示

①面团搅打至能拉出薄膜即可。
②分割面团时注意分量，应做到比例恰当。
③要注意饧发时间。

学习与巩固

1. 主食面包主要有________、________、________等。

2. 花色面包包括夹馅面包、__________、油炸面包圈等。此类面包糖的用量为__________，油脂用量为__________。

学习感想

____

____

____

项目九　西点布丁、饼干

项目描述

西式面点里有几类点心颇具特色，如各种布丁、饼干、胶冻类点心、冰淇淋等。

布丁根据用料和成熟方法的不同，分为黄油布丁和克司得布丁两大类。黄油布丁的原料基本和油蛋糕的原料相同，要添加牛奶和泡打粉；克司得布丁制作简单，主要采用牛奶、鸡蛋、白糖为主要原料制作而成。饼干是一种集香、酥、脆、松等多种口感于一体的造型各异的小西点，常常作为两餐之间的茶点。这类西点造型美观、口味多样、制作方便快捷、便于储存。

小王学习了各种蛋糕、面包的制作，对西点制作的兴趣越发浓厚了。他在朋友圈看到许多朋友分享的各种西点布丁、饼干的照片，不禁想学学这些小西点的制作。

项目分析

如何制作各种质地的小西点？首先要了解使用的各种原料，如制作饼干的面粉。质地硬脆的饼干，应采用高筋粉；如果质地要求酥松，应选择中、低筋粉，且面粉的色泽要白、颗粒细腻，便于与油脂和糖结合。小王一边在网上自学各种西点知识，一边不断实践，几个月下来，收获满满。

项目目标

①了解布丁的相关知识、制作原理，掌握布丁的制作方法。

②了解饼干的相关知识，掌握几种饼干的制作方法。

项目实施

任务一　焦糖布丁的制作

任务情境

布丁是一种半凝固状的甜品，吃起来滑滑嫩嫩的，入口即化，不油腻、清甜、冰凉。布丁的正式出现，是在16世纪英国女王伊丽莎白一世时代。它是由肉汁、果汁、水果干及面粉调配制作而成的甜点。17、18世纪的布丁是用鸡蛋、牛奶以及面粉为材料制作的。布丁的食用种类有热布丁、冷布丁。常见的布丁有焦糖布丁、杧果布丁、鲜奶布丁、巧克力布丁、草莓布丁等。

任务目标

①了解布丁的概念。
②了解布丁的制作原理。
③掌握焦糖布丁的制作方法。

面点工作室

布丁，是英语pudding的汉语音译，又叫布甸。它是以牛奶、鸡蛋、白糖等为主要原料，配以各种辅料，用各种模具盛装，经过蒸制或烤制制作而成的一类柔软、嫩滑的甜点。

布丁可以做出许多变化，可以在鸡蛋的使用上提高蛋黄的比例；也可以将一部分牛奶换成淡奶油，增加浓郁口感；或是加入巧克力、红茶、南瓜泥等，以提升滑嫩口感。

布丁以牛奶、鸡蛋、白糖为主要原料，通过烘烤、冷藏而成，有着浓浓的奶香味，口感嫩滑，香甜可口。布丁的制作主要是利用鸡蛋里的蛋白质在高温加热下发生热变性而凝固的现象。鸡蛋蛋清在58℃时开始变性，62℃时产生胶性，70℃时完全固化。蛋黄在65℃时开始产生胶性，80℃时完全固化。全蛋液的平均凝固温度为68.9℃。当一只鸡蛋加入3倍左右的水时，在高温加热下，蛋白质变性产生胶性，将水吸附，包围在胶体内，形成软而有弹性的胶凝状物质。利用这个特性可以做热的水蒸蛋、冷的甜布丁。水加太多时，布丁会较软且水易析出；

水太少，胶体较硬。在蒸制或烤制过程中，要采用中小火，否则蛋液过度沸腾气化，形成多孔状结构，口感粗糙。

行家点拨

焦糖布丁制作要点

搅拌好的布丁液需静置半小时，使气泡消失。

利用布丁液静置的时间熬焦糖液。

蒸烤布丁时，烤盘内必须倒入热水，热水要超过布丁模具的一半。

若采用蒸的方式加热布丁，必须采用小火加热，模具表面要加盖或者包上保鲜膜，以防止布丁产生较多孔洞。

任务实施

焦糖布丁的制作

1. 训练原料

布丁液：牛奶150毫升，淡奶油50毫升，白砂糖40克，鸡蛋2个，香草粉少许。

焦糖液：白砂糖75克，水20毫升。

2. 训练内容

煮制焦糖液，并趁热倒入布丁模具冷却，调制布丁液，再倒入模具，放入烤盘蒸烤至布丁液凝固，放入冰箱冷藏。

3. 制作方法

①原料和部分工具如图9–1–1、图9–1–2所示。

图9–1–1/焦糖布丁原料
图9–1–2/焦糖布丁工具

②熬焦糖液。在锅里放入白砂糖和水，用中小火加热，煮至糖水沸腾，继续用中小火熬煮。等水分都蒸干以后，糖浆开始焦化（图9–1–3）。待糖浆煮到浅琥珀色的时候，立即关火。糖浆在锅余热的作用下，颜色进一步变深到琥珀色。趁热把煮好的焦糖液倒入布丁模具（布丁模具内不能有水)。倒入量以在底部铺有一层即可（图9–1–4）。

图9-1-3 / 熬焦糖液
图9-1-4 / 焦糖液入模

③制作布丁液。牛奶、淡奶油、白砂糖放入锅中，小火煮到白砂糖完全溶解没有颗粒即可（图9-1-5），温度不要太高。蛋液中加入香草粉，用打蛋器轻轻搅拌，尽量不要起泡。将微温的奶液慢慢倒入蛋液中，用打蛋器轻轻搅拌均匀。（图9-1-6）。

图9-1-5 / 煮热奶液
图9-1-6 / 奶液倒入蛋液

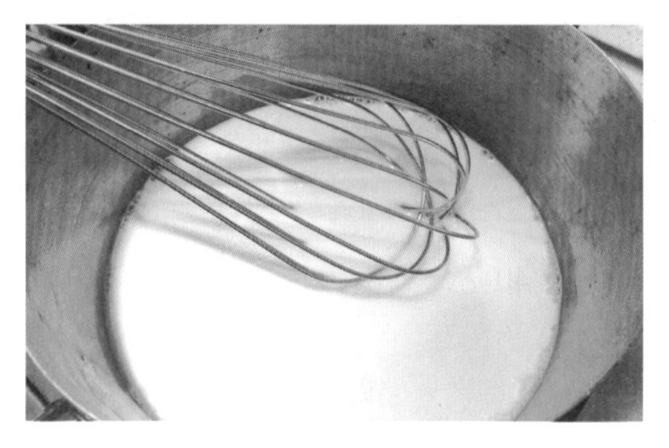

④过滤。布丁液过筛两次或两次以上，滤掉鸡蛋的系带、杂质，如图9-1-7、图9-1-8所示。

图9-1-7 / 布丁液一次过筛
图9-1-8 / 布丁液二次过筛

⑤静置、装模。将过筛后的布丁液去掉多余的泡沫，静置片刻，倒入事先准备好的布丁模具中（图9-1-9、图9-1-10）。

图9-1-9 / 布丁液入模1
图9-1-10 / 布丁液入模2

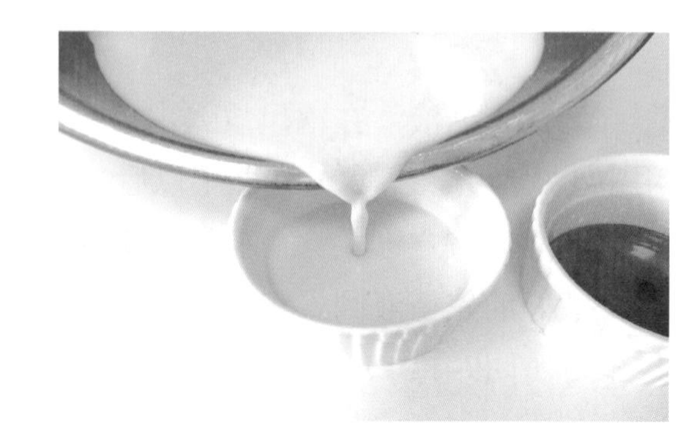

⑥蒸烤。在烤盘里摆上布丁模具，倒入热水，烤盘里的热水最好能没过布丁模具的一半（图9-1-11）。烤盘预热至165℃，蒸烤30分钟左右，直到布丁液凝固，取出，冷却（图9-1-12）。

图9-1-11/入烤箱蒸烤
图9-1-12/冷却

⑦脱模。用刀尖沿着模具内侧划一圈，将盘子反过来盖在模具上，双手紧压盘子并倒扣过来（图9-1-13），然后在倾斜的状态下前后摇晃数次，轻轻拿起模具即可脱模（图9-1-14）。（如果不需要脱模，冷藏后即可享用美味。）

图9-1-13/布丁模具倒扣入盘
图9-1-14/焦糖布丁成品

4. 操作要求

①熬制焦糖液一定要注意糖焦化的颜色，若颜色太深，则焦糖发苦，影响口味。

②布丁液一定要过筛，过筛后的布丁液如表面有气泡，可以用厨房用纸吸附去掉。

③必须使用蒸烤的方法，即在烤盘中倒入热水，热水要超过布丁模具高度的一半。布丁中出现了太多的气孔或者太硬的话，需要根据烤箱情况适当缩短蒸烤时间。

想一想

1. 蒸烤布丁时需要注意什么?

2. 焦糖布丁还可以做成什么造型?

面包布丁的制作

准备好吐司面包片、牛奶、鸡蛋、淡奶油、白糖，将吐司面包片切丁放入调好的布丁液中，再加入用朗姆酒浸泡过的果干，就做成了创意十足的面包布丁。根据个人喜好，还可以加入各种新鲜水果，做成水果面包布丁。

1. 训练原料

牛奶200毫升，淡奶油50毫升，白砂糖40克，鸡蛋2个，吐司面包片2片，葡萄干30克，蔓越莓干10克，朗姆酒15毫升，面粉少许，黄油少许，糖粉少许。

2. 制作方法

①部分原料如图9–1–15所示。布丁模具内壁刷上一层软化的黄油，倒入少许面粉，待模具内壁沾满后倒出多余的（图9–1–16）。

图9–1–15/面包布丁原料
图9–1–16/模具涂油沾粉

②将葡萄干、蔓越莓干用朗姆酒浸泡（图9–1–17），吐司面包片切成丁备用（图9–1–18）。

图9–1–17/果干用朗姆酒浸泡
图9–1–18/吐司面包片切丁

③布丁液调制方法同焦糖布丁。用面包丁装填沾粉的模具，量以达到模具的一半为宜，接着放少许浸泡好的果干，再用面包丁装满模具，表面再放少许果干。倒入布丁液，浸泡3分钟，让面包丁被布丁液充分浸润（图9–1–19）。

④蒸烤同焦糖布丁，出炉后撒少许糖粉，成品如图9–1–20所示。

图9-1-19/倒入布丁液
图9-1-20/面包布丁成品

温馨提示

①因蒸烤后模具中的材料会鼓起，所以布丁液只需倒八分满即可。
②倒入布丁液后放置3分钟再烤是让面包丁能够被充分浸润，这样成品口感更软嫩。
③根据模具的深浅，灵活掌握蒸烤时间。
④面包布丁趁热食用，风味更佳。

学习与巩固

1. 布丁，是英语__________的汉语音译，又叫布甸。它是以__________、__________、__________等为主要原料，配以各种辅料，用各种模具盛装，经过蒸制或烤制制作而成的一类柔软、嫩滑的甜点。

2. 布丁的制作主要是利用鸡蛋里的________在高温加热下发生热变性而_______的现象。

3. 蒸烤布丁时，烤盘内必须倒入热水，热水要超过布丁模具的_______。

学习感想

____

____

____

任务二　杏仁薄脆的制作

任务情境

小西饼的品种繁多，可以根据制作方法、产品性质或者使用的原料不同进行分类。依照制作方法不同，可以分为裱挤成形类、模具成形类、手工成形类、组合成形类等。杏仁薄脆、奶酪饼干属于裱挤成形类，这类面糊类小西饼的主要原料是低筋粉、鸡蛋、糖、黄油、奶水等。杏仁薄脆是现代流行的具有酥、脆、硬等多种口感的小西饼，这类小西饼的配方中糖和油脂用量差不多，一般需要冷藏后再烤制。

任务目标

①了解小西饼的制作工艺。
②了解小西饼的评价标准。
③掌握杏仁薄脆的制作方法。

面点工作室

一、小西饼的制作工艺

拌糊。面糊类小西饼基本使用糖油搅拌法，配方中的糖、盐、油脂采用搅拌器中速打发至绒毛状，再把配方中的其他液体分两到三次加入，最后加入面粉，拌匀即可。

成形。成形方式大致可以分为裱挤成形、模具成形、手工成形、组合成形等。

烘烤。烘烤时需注意小西饼的摆放间距，一般采用180℃的中火，烘烤时间一般为8~20分钟。烘烤对小西饼的成形有重要影响，需要在实践中不断总结改进。

包装。小西饼含水量较少，出炉的小西饼冷却至35℃左右，就要及时包装。例如，装进密封的盒子、罐子或者食品塑料袋里，防止小西饼吸收空气中的水分而失去酥松性。

二、小西饼的评价标准

小西饼需形态端正，大小、厚薄一致；表面呈金黄色，色泽均匀，无斑点；内部组织均匀无生心，无颗粒；或松酥或松脆或松软，甜度适中；内外无杂质。

行家点拨

杏仁薄脆制作要点

调制的面糊最好冷藏一个晚上，面糊入烤盘时尽量薄而均匀。

烤制温度不能过高。

任务实施

杏仁薄脆的制作

1. 训练原料

蛋清650克，白砂糖600克，杏仁片1 000克，低筋粉550克，黄油250克。

2. 训练内容

按照配方调制杏仁薄脆面糊，下冰箱冷藏，烤制。

3. 制作方法

①原料和部分工具如图9-2-1所示。

图9-2-1/杏仁薄脆原料、工具

②称取适量低筋粉、杏仁片在一个盆里，适量蛋清、白砂糖在另一个盆里（图9-2-2）。蛋清、白砂糖用刮刀拌匀至无颗粒，加入隔水化开的黄油拌匀（图9-2-3）。

图9-2-2/分别称量原料
图9-2-3/加入化开的黄油

③拌匀的蛋液加入低筋粉、杏仁片拌匀（图9-2-4）成糊，杏仁薄脆面糊（图9-2-5）用保鲜膜密封，冷藏一个晚上待用。

图9-2-4/拌匀
图9-2-5/杏仁薄脆面糊

④将冷藏好的杏仁薄脆面糊，以圆形模具为界，薄薄地平铺在干净的、刷油的烤盘上（图9-2-6）。面火150℃、底火150℃，烤制15~20分钟，烤至金黄色，出烤箱，装盘（图9-2-7）。

图9-2-6/下烤盘成形
图9-2-7/杏仁薄脆成品

4. 操作要求

①杏仁薄脆面糊调制时注意原料添加顺序。

②面糊最好冷藏一段时间。

③控制好烤箱温度。

想一想

1. 烤制杏仁薄脆需要注意什么？

2. 烤制薄脆还可以采用哪些干果？色泽是否可以有变化？

拓展训练

奶酪饼干的制作

奶酪饼干因制作简单方便、品质独特而深受人们的欢迎。奶酪饼干的配方、制作方法有很多种，下面介绍其中的一种。

原料包括黄油1 000克、糖粉400克、盐5克、奶酪300克、淡奶油300克、低筋粉1 200克，蛋黄液适量。部分原料如图9-2-8所示。

奶酪和淡奶油隔水融化，搅拌均匀（图9-2-9）。

图9-2-8/奶酪饼干原料
图9-2-9/隔水融化奶酪和淡奶油

黄油、糖粉和盐搅拌均匀至无颗粒（图9-2-10），加入冷却的奶酪淡奶油液拌匀（图9-2-11），最后加入低筋粉拌匀成糊。

图9-2-10/搅拌黄油、糖粉、盐
图9-2-11/加入奶酪淡奶油液

用直径1厘米左右的圆口花嘴挤糊，在每个奶酪饼干生坯上用叉子划一道，上面刷一层蛋黄液（图9-2-12）。入面火190℃、底火160℃的烤箱，烤制12~16分钟至成品呈金黄色时出炉（图9-2-13）。

图9-2-12/奶酪饼干生坯
图9-2-13/奶酪饼干成品

温馨提示

1 选择合适的花嘴，挤出合适的饼干形状。

2 控制烤制温度。

学习与巩固

1. 小西饼的品种繁多，可以根据制作方法、产品性质或者使用的原料不同进行分类。依照制作方法不同，可以分为裱挤成形类、__________、__________、__________等。

2. 面糊类小西饼的主要原料是低筋粉、__________、__________、__________、奶水等。

3. 小西饼的制作工艺包括拌糊、__________、__________、__________四个生产过程。

学习感想

____

____

____

任务三　蔓越莓饼干的制作

任务情境

饼干的品种很多，而且新的花色品种不断出现。按照加工工艺的不同，饼干有酥性饼干、韧性饼干、压缩饼干、曲奇饼干、夹心饼干等之分；按照口味的不同，饼干有甜、咸和椒盐之分；按照形状来分，更是五花八门。蔓越莓饼干是曲奇饼干的一种，是以白酒浸泡以后的蔓越莓，加入以低筋粉、糖、黄油、鸡蛋为主要原料的面团中，采用长方形模具成形，下冰箱冷藏，需要时取出切成方形或者用模具按压成形，下烤箱烤制的一类饼干。

任务目标

①了解蔓越莓饼干的制作原理。
②掌握蔓越莓饼干的制作方法。

面点工作室

蔓越莓饼干是在曲奇饼干的基础上，加入切碎的蔓越莓制作而成的。曲奇饼干是用黄油、低筋粉、鸡蛋、绵白糖（或者糖粉）、盐等为主要原料，调制成面团或者面糊制作的。配料中的油脂、糖含量高，面粉筋性弱，水分少，同时，面团或面糊保存温度低、搅拌时间短，从而抑制了面筋质的形成，调制出的面团或面糊具有酥性。

行家点拨

蔓越莓饼干制作要点

蔓越莓最好提前用纯度高的白酒浸泡3~4小时，这样加入面团后，成品具有特殊的风味。

调制面团时，最好加入适量的盐，使饼干的口感更加富于变化。

任务实施

蔓越莓饼干的制作

1. 训练原料

低筋粉500克，黄油350克，糖粉225克，鸡蛋1个，牛奶50毫升，澄粉25克，蔓越莓200克。

2. 训练内容

按照配方调制面糊，加入浸泡后的蔓越莓，用模具按压成形，下冰箱冷藏，切坯，烤制。

3. 制作方法

①部分原料和工具如图9–3–1、图9–3–2所示。

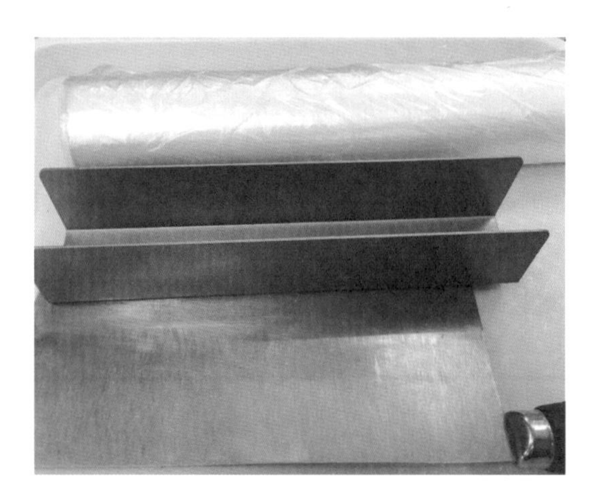

图9–3–1 / 蔓越莓饼干原料
图9–3–2 / 蔓越莓饼干工具

②将黄油和糖粉中速搅拌至乳白色（图9–3–3）。面粉过筛，备用（图9–3–4）。

图9–3–3 / 搅拌黄油和糖粉
图9–3–4 / 面粉过筛

③将搅散的蛋液分次加入黄油、糖粉中拌匀，再加入牛奶拌匀，最后加入低筋粉、澄粉（图9–3–5），慢速搅拌调成面糊（图9–3–6）。

④面糊加入提前用白酒浸泡的蔓越莓（图9–3–7），拌匀，压入包好保鲜膜的模具（图9–3–8）。

图9-3-5/依次添加各种原料
图9-3-6/调制面糊

图9-3-7/加入蔓越莓
图9-3-8/压入模具

⑤脱模（图9–3–9），冷藏5~6小时。将冷藏后的面糊切成约0.3厘米厚的方形坯，排入烤盘，面火200℃、底火180℃，烘烤10~15分钟，烤至乳黄色，出炉，冷却，装盒（图9–3–10）。

图9-3-9/脱模
图9-3-10/蔓越莓饼干成品

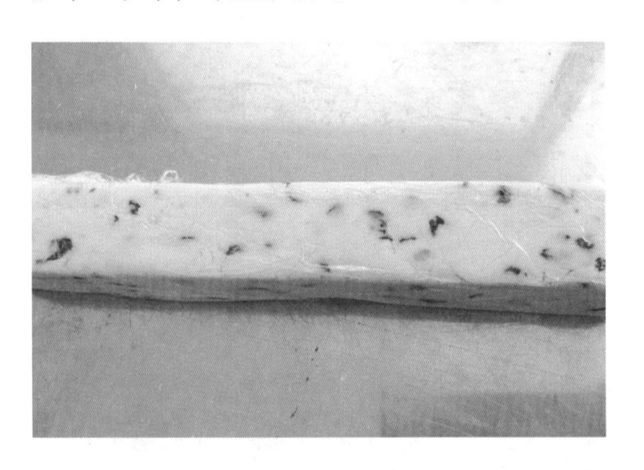

4. 操作要求

①调制面糊时要低速，不要上劲。

②面糊要冷藏一段时间。

③控制烤箱温度。

想一想

1. 烤制蔓越莓饼干需要注意什么?

2. 蔓越莓饼干还可以做成什么造型? 面糊中还可以添加什么原料、呈现何种口味?

拓展训练

曲奇饼干的制作

曲奇饼干因品质独特、制作和携带方便，深受人们的欢迎。曲奇饼干的配方、制作方法有很多种，下面是一种原味曲奇饼干的制作方法。根据个人喜好，还可以添加抹茶粉、巧克力粉等，制作出色泽丰富、形态各异的曲奇饼干。

部分原料如图9-3-11所示。面糊调制同蔓越莓饼干，只是不用加蔓越莓，将调好的面糊装入带有花嘴的裱花袋中（图9-3-12）。

图9-3-11/曲奇饼干原料
图9-3-12/面糊装入裱花袋

在干净的、刷油的烤盘上挤出排列整齐、大小均匀、呈小花形的曲奇饼干生坯（图9-3-13）。烘烤同蔓越莓饼干，冷却，装盒（图9-3-14）。

图9-3-13/挤糊
图9-3-14/曲奇饼干成品

温馨提示

①面粉采用低筋粉，不要上劲。
②选择合适的花嘴，方便、快捷地挤出面糊。
③控制烘烤温度，防止外焦内生。

学习与巩固

1. 饼干的品种很多，而且新的花色品种不断出现。按照加工工艺的不同，饼干有酥性饼干、__________、__________、__________、__________等；按照口味的不同，饼干有甜、________、________之分。

2. 曲奇饼干是用黄油、________、________、________（或者糖粉）、盐等为主要原料，调制成面团或者面糊制作的。

3. 蔓越莓饼干中的蔓越莓，最好提前用________浸泡3~4小时。曲奇饼干中的面粉最好采用________粉。

学习感想

____

____

____

任务四　冷冻品类制品的制作

任务情境

冷冻品类制品是指用糖、牛奶、奶油、鸡蛋、水果、明胶或者桃胶为原料，经过搅拌—冷冻或者冷冻—搅拌制作的甜食，包括各种胶冻类（如果冻、乳冻、慕斯等）和冰淇淋类。冷冻品类制品以甜味为主，香甜细腻，柔软滋润，清香爽口，适于用作餐后甜食。

任务目标

①了解胶冻类的制作原理和流程。

②掌握黄桃奶油冻的制作方法。

③掌握红酒果冻的制作方法。

面点工作室

胶冻类的制作原理：主要利用蛋白质凝结作用，制作胶冻类的肉皮或鱼皮中提取的吉利丁，其主要成分是胶原蛋白。胶原蛋白能溶于热水形成胶体溶液，从而形成胶冻状态。

胶冻类的制作流程大致可以分为原料调配、过滤、冷藏定形、脱模、装饰等。在制作胶冻类点心时要控制好吉利丁与水分的比例，要根据加入的其他原料的不同加以区别，同时要控制甜度，使糖与水的比例恰当。

行家点拨

黄桃奶油冻制作要点

吉利丁片提前用冰水充分软化。

控制甜度，奶浆倒入八分满。

任务实施

黄桃奶油冻的制作

1. 训练原料

牛奶150毫升，淡奶油150毫升，白糖60克，吉利丁片5克，黄桃2片，薄荷叶适量。

2. 训练内容

按照制作步骤制作黄桃奶油冻，放入冰箱冷藏。

3. 制作方法

①原料、部分工具如图9-4-1、图9-4-2所示。

图9-4-1/黄桃奶油冻原料

图9-4-2/黄桃奶油冻工具

②吉利丁片用冰水泡软后捞出放入不锈钢盆中待用。

③牛奶中加入白糖，用搅拌器搅拌至白糖溶解，再加热煮沸。将已泡软的吉利丁片放入牛奶中搅拌融化，再加入淡奶油，搅拌均匀。

④取透明玻璃杯数个，将搅拌均匀的奶浆倒入玻璃杯中，注意八分满即可，放入冰箱冷藏（图9-4-3）。

⑤取出冷藏好的奶油冻，在上面放上黄桃粒，用薄荷叶点缀装饰即可（图9-4-4）。

图9-4-3 / 奶浆冷藏
图9-4-4 / 黄桃奶油冻成品

4. 操作要求

①吉利丁片提前用冰水泡软。

②在牛奶中加入白糖不可搅拌过度，防止泡沫太多。

③奶浆倒入玻璃杯中八分满即可，需冷藏凝固后才可以装饰。

想一想

1. 还可以制作什么口味的奶油冻?
2. 奶油冻的保存需要冷藏还是冷冻?

拓展训练

红酒果冻的制作

果冻是一种物美价廉、口味酸甜、色泽鲜艳、制作方便、造型多变的胶冻类西点。下面是红酒果冻的制作方法。

原料包括红酒150毫升、纯净水100毫升、白糖80克、吉利丁片8克、薄荷叶适量。

部分原料、工具如图9-4-5、图9-4-6所示。

图9-4-5 / 红酒果冻原料
图9-4-6 / 红酒果冻工具

吉利丁片用冰水泡软待用。

把白糖倒入纯净水中加热，再放入泡软的明胶片搅拌融化，然后倒入红酒，稍煮，搅拌均匀成果冻液。将果冻液倒入透明玻璃杯（八分满），放入冰箱冷藏（图9–4–7）。

取出冷藏好的果冻，用薄荷叶点缀装饰（图9–4–8）。

图9–4–7/果冻液冷藏
图9–4–8/红酒果冻成品

温馨提示

①吉利丁片用冰水泡软才可使用。

②制作红酒果冻时，加入红酒后稍煮可以去除红酒的一部分酸味。

③果冻液冷藏温度一般为0℃～4℃，温度过低会使果冻结冰，失去果冻的品质。

学习与巩固

1. 冷冻品类制品一般用糖、牛奶、__________、__________、__________、__________为原料。

2. 胶冻类的制作流程大致可以分为原料调配、__________、__________、__________、装饰等。

3. 果冻液冷藏温度一般为__________。一般来讲温度越低，果冻定形所需的时间越短，反之则长。

学习感想

____

____

____

项目十　西点酥皮

项目描述

中式面点中的油酥面团是以面粉、油脂、水等作为主要原料，经过调制而形成的面团。在西式面点中也有一类点心，以面粉、油脂、鸡蛋、水以及其他辅料通过成形、烘烤等工艺制成，具有酥松性，称为西点酥皮。

西点酥皮根据制作工艺、成品特点的不同，分为西点清酥（类似中式面点中的层酥）、西点混酥（类似中式面点中的松酥）。西点清酥面团根据配方又可以分为全清酥，即油脂量和面粉量相等；3/4清酥，即油脂量为面粉量的3/4；半清酥，即油脂量为面粉量的一半。目前，3/4清酥使用比较普遍。常见的西点混酥制品主要有三类：挞、派、其他酥类点心。

小王非常喜爱蛋挞、苹果派一类的西式面点，进入五星级酒店的西点烘焙房实习，怎能不学一招呢?

项目分析

如何制作西点酥皮？首先要了解西点酥皮的配方，其次是学习调制西点酥皮面团，最后解决擀制过程中的技术问题。想要西点酥皮制作美观、口感酥脆，小王下定决心，要提升自己的技能水平。

项目目标

①了解西点酥皮的相关原料知识，认识西点酥皮制作的常用工具、设备。

②了解西点混酥制作的基本原理。

③掌握西点清酥、西点混酥的制作方法。

④了解西点清酥、西点混酥制作过程中常见的问题以及解决方法和制作关键。

⑤掌握牛角酥、水果挞、菠萝派、奶油泡芙等常见品种的制作方法和操作要领。

项目实施

任务一　牛角酥的制作

任务情境

牛角酥是西点清酥品种。清酥面团是用水、油脂、鸡蛋等调成面团包入黄油，经过2~3次擀叠、冷冻制成的面团。经过烤制后，成品显现出明显的层次，入口香酥，口味多变。代表品种有牛角酥、丹麦酥、风车酥、拿破仑酥等。

牛角酥因造型似牛角而得名。成品的主要特点是色泽金黄，有油酥的酥脆、牛奶的香味以及发酵面团的蓬松感。

任务目标

①认识清酥制作的基本原料。

②认识清酥制作的常用工具和设备。

③掌握牛角酥的制作方法。

面点工作室

一、清酥制作的基本原料

面粉：宜采用蛋白质含量为10%~12%的中高筋粉。因为筋性较强的面团能经受住擀制中的反复拉伸。如果没有合适的中高筋粉，可在高筋粉中加入部分低筋粉，以达到制品对面粉筋性的要求。

油脂：可用奶油、人造黄油或者起酥油。在操作过程中，油脂被反复折叠、擀制，每次折叠、擀制后需冷藏半小时，防止油脂融化产生“走油”现象。

水：亦可用牛奶代替。水可以使面团柔软，使面筋网络充分扩展。加水量要根据天气、粉质、包油的软硬度决定。

鸡蛋：主要是增加清酥制品的色泽和香味，在烤制时在制品外层刷蛋液。

盐：主要增加风味和增强面筋质的韧性，通常使用量为面粉的1%。

糖：少量的糖用来增加色泽，用量一般在10%以下。

二、清酥制作的常用工具和设备

和面机：主要用来搅和各种粉料。和面机的工作效率比手工操作效率高5~10倍。

打蛋机：可以将鸡蛋的蛋清和蛋黄充分打散融合成蛋液，或单独将蛋清或蛋黄打到起泡，可使搅拌更加快速、均匀。机器工作时应保持平稳，不可以用水冲洗整个机器。

不锈钢盆：不锈钢盆用于盛装液体材料，使材料易于搅拌。每次用完均应清洗干净。

模具：大小、形状各异，制作不同形状的清酥应选用对应的模具。一般有4寸、6寸、8寸、10寸，有方形、圆形、心形。模具每次用完均应清洗干净。

电子秤：用来称量面粉、糖等。

各种刀具：用来切割面团，抹奶油、果酱等。

烤箱：一般采用电烤箱或者燃气烤箱。电烤箱因上下都有发热导线，所以制品成熟比较快。烤箱的质量在一定程度上影响制品的质量。

行家点拨

牛角酥制作要点

每次开酥之前需要把面团冷冻下。

为了使成品表面色泽金黄，烘烤前需刷两遍蛋液。

牛角酥的制作

1. 训练原料

面包粉650克，白砂糖50克，面包改良剂13克，鸡蛋130克，黄油110克，盐12克，酵母17克，奶粉35克，冷水300毫升，起酥油250克。

2. 训练内容

按照配方调制面团，分割面团，冷冻（冷藏），开酥，成形，饧发，烘烤，冷却，装饰。

3. 制作方法

①部分原料和工具如图10-1-1、图10-1-2所示。

②把除起酥油外的原料全部倒入和面机里混合、搅打至面团光滑上劲，立即擀成大片放入冰箱冷冻30分钟。

图10-1-1/牛角酥原料
图10-1-2/牛角酥工具

③冷冻好的面团擀开，在中间放入片状起酥油，四角折上来，捏紧收口（图10-1-3），擀成长方形的大片，自左右各1/3处向中间折，完成第一次三折，旋转90°，再次擀开二折，放入冰箱微冻片刻，两次折叠之后再放入冰箱冷藏15分钟后再进行第三次四折（图10-1-4）。

图10-1-3/包入起酥油
图10-1-4/四折

④将三次折好的面团擀至约5毫米厚，用利刀修去侧边后，分割成底边约9厘米、高约18厘米的等腰三角形（图10-1-5）。将三角形从底边开始卷成牛角形状（图10-1-6）。

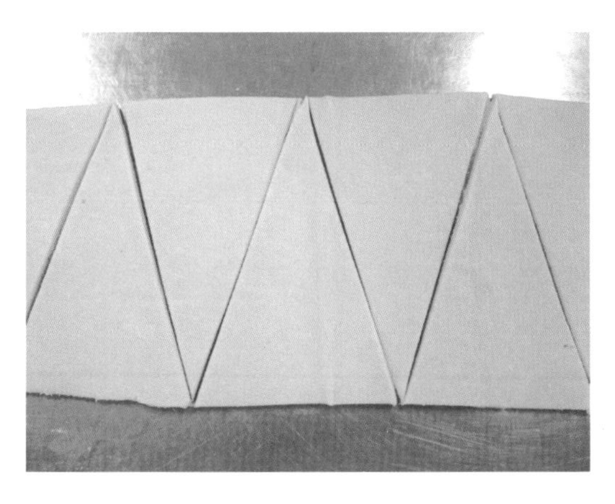

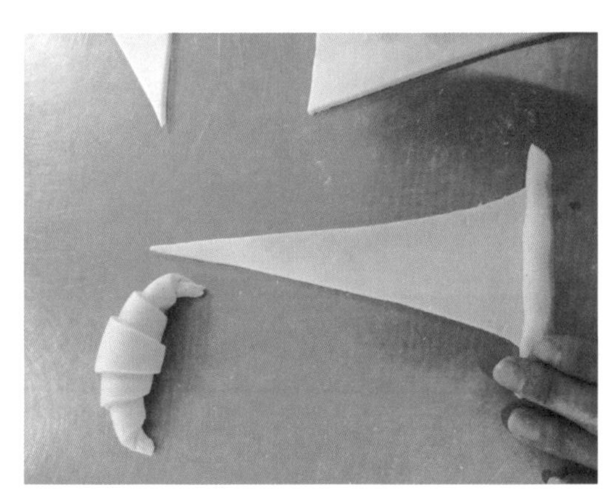

图10-1-5/等腰三角形
图10-1-6/牛角形状

⑤将牛角尖角朝下，排入烤盘中，放入饧发箱饧发（图10-1-7），发好后拿出，如图10-1-8所示。

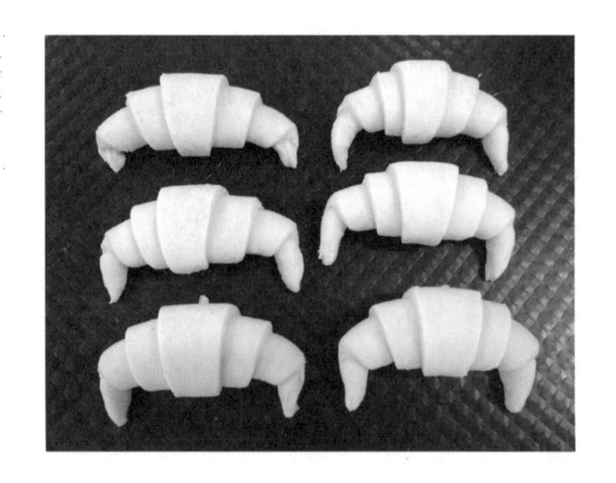

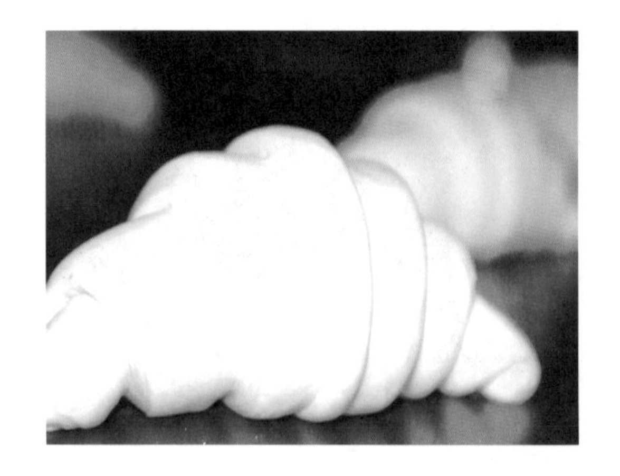

图10-1-7/饧发
图10-1-8/饧发好的生坯

⑥在生坯表面刷一层蛋液，待稍干后再刷一次（图10-1-9），入210℃预热的烤箱中烘烤成金黄色即可（图10-1-10）。

图10-1-9/刷上蛋液
图10-1-10/牛角酥成品

4. 操作要求

①面团要搅拌上劲，用手拉时能形成透明薄膜，放冰箱冷藏。

②开酥要求用力一致，厚薄均匀，最后改刀成等腰三角形。

③要使面团的软硬度与起酥油的软硬度保持一致，防止在擀制过程中“走油”。

想一想

1. 为什么要把面团放入冰箱冷冻?
2. 开酥需注意什么?

拓展训练

丹麦酥的制作

丹麦酥口感酥软、层次分明、奶香味浓、质地松软。丹麦酥的加工工艺复杂，面团经过搅拌上劲后，包入起酥油，再进入折叠工序。包入的油脂经过该工序可以产生很多层次，面皮和油脂互相隔离不混淆。

面团原料包括面包粉375克、低筋粉250克、白砂糖75克、面包改良剂6克、鸡蛋3个、黄油95克、盐12克、酵母25克、奶粉30克、冷水220毫升。

其他原料包括起酥油250克、樱桃果肉50克、荷兰芹适量、卡仕达奶油适量。

部分原料与工具如图10-1-11、图10-1-12所示。

图10-1-11/丹麦酥原料
图10-1-12/丹麦酥工具

面团原料全部倒入和面机里混合打至面团光滑上劲，立即擀成大片放入冰箱冷冻，拿出后完成四折（图10-1-13）， 三折再三折后擀成片状，厚1厘米左右（图10-1-14）。

图10-1-13/四折
图10-1-14/擀成片状

将擀好的大片改刀成边长约10厘米的正方形坯（图10-1-15）。将正方形坯的四个角全部往里折，交叉堆压在一起（图10-1-16）。

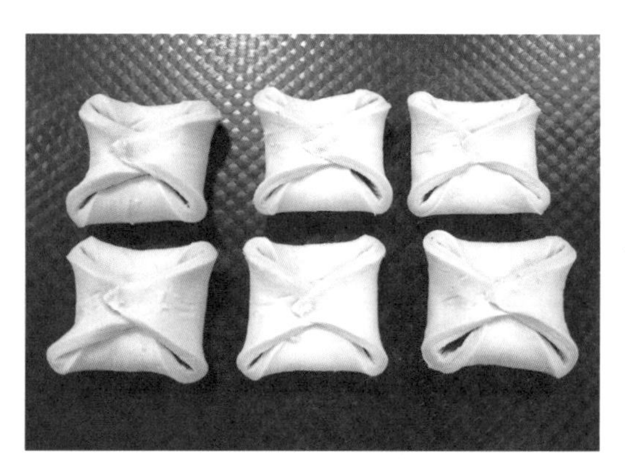

图10-1-15/正方形坯
图10-1-16/四角交叉堆压

入饧发箱饧发，饧发箱温度为35℃，湿度为75%，饧发50~60分钟。体积膨大至原来的1.5~2倍时，在其表面刷上蛋液，在中间挤上卡仁达奶油（图

10-1-17），放入烤箱，面火210℃、底火190℃，烘烤15分钟至成熟上色即可，冷却后用樱桃果肉、荷兰芹装饰（图10-1-18）。

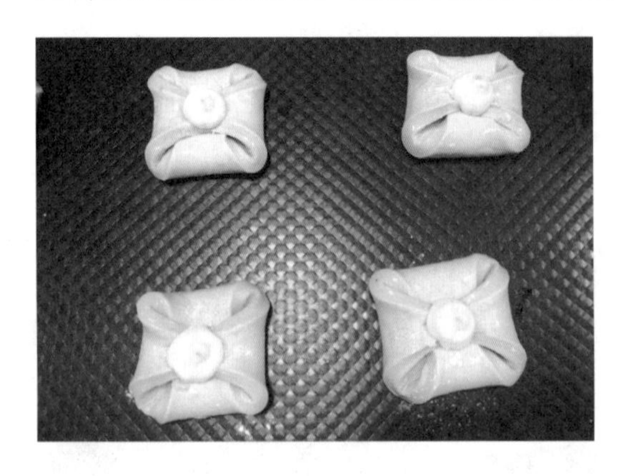

图10-1-17/挤上卡士达奶油
图10-1-18/丹麦酥成品

温馨提示

①面团搅打应防止搅打过度或没上劲，能拉出一张薄膜即可。

②开酥过程中需注意用力均匀、厚薄一致，每次开酥完成后需放冰箱冷冻。

③丹麦酥要改刀成正方形，四角对折要粘住，防止在烘烤过程中散开。

学习与巩固

1. 牛角酥是西点清酥品种。清酥面团是用__________、__________、__________等调成面团包入黄油，经过2~3次擀叠、冷冻制成的面团。经过烤制后，成品显现出明显的层次，入口香酥，口味多变。

2. 开酥过程中需注意________、________，每次开酥完成后需放入冰箱冷冻片刻。

学习感想

____

____

____

任务二　水果挞的制作

任务情境

西点混酥品种丰富，风味各异。常见的制品一般有三类：挞、派和其他酥类点心。挞和派都是有馅心的一类点心，一般将精小的制品称为挞。挞和派无固定大小和形状，可根据需要和模具形状随意变化，品种主要由于馅心及面坯的变化而多样。

任务目标

①了解西点混酥的制作原理。
②掌握水果挞的制作方法。

面点工作室

一、挞的品种

挞是英语tart的汉语音译，又译为“塔”。挞是以油酥面团为坯料，借助模具，通过制坯、烘烤、装饰等工艺制成的内盛水果或馅心的一类较小的点心，其形状可因模具的变化而变化。挞主要分为清酥挞和混酥挞两种。清酥挞的挞皮为一层薄酥皮，层次清晰，口感松酥。混酥挞比较光滑和完整，黄油香味浓郁，口感像曲奇饼干一样酥脆。挞的品种还可以根据馅心的变化改变。常见的品种有蔬菜挞、水果挞、蛋挞等。其中，蛋挞除以糖和鸡蛋为蛋浆的主流蛋挞外，也有在蛋浆内混入其他材料的花式蛋挞，如鲜奶蛋挞、姜汁蛋挞、蛋白蛋挞、巧克力蛋挞等。

二、混酥的制作原理

混酥的酥松性主要与油脂的性质有关。油脂是一种胶性物质，具有一定的黏性和表面张力。当油脂与面粉调成面团时，油脂分布在面粉中的蛋白质或面粉颗粒的周围并形成油膜，这种油膜影响了面粉中面筋网络的形成，造成面粉颗粒之间结合松散，从而使面团的可塑性和酥松性增强。混酥生坯遇热后油脂流散，伴随搅拌充入面粉颗粒之间的空气遇热膨胀，这时，混酥生坯内部结构破裂形成多孔结构，这种结构便是混酥酥松的原因。

行家点拨

水果挞制作要点

挞皮放入挞模捏制完成后，用一根叉子在挞皮表面戳洞，这有利于成品保持形态美观。

挞皮烘烤时注意底部需呈现金黄色，这样口感酥脆。

任务实施

水果挞的制作

1. 训练原料

低筋粉250克，高筋粉250克，黄油200克，糖粉200克，蛋清90克，鲜奶油适量，水果适量。

2. 训练内容

按照配方调制挞皮，烤制，脱膜，装饰。

3. 制作方法

①部分原料如图10–2–1所示。

②将面粉、糖粉、黄油均匀搓散，分次加入蛋清，调制成面团（图10–2–2）。

图10–2–1/水果挞原料
图10–2–2/面团

③将面团摘成每个重20克的剂子，填入挞模中（图10–2–3）。

④用大拇指将其沿挞模捏出模具的形状成为挞皮。挞皮高出模具少许（图10–2–4）。

图10–2–3/填入剂子
图10–2–4/填入挞皮

⑤烤箱面火、底火温度升至180℃，入烤箱烤制12分钟，脱模（图10–2–5）。在挞皮上挤上鲜奶油，表面配以水果装饰即为成品（图10–2–6）。

图10-2-5/脱模
图10-2-6/水果挞成品

4. 操作要求

①面团调制时应用低速搅打，不要上劲。

②面团最好下冰箱冷藏一段时间。

③控制好烤箱温度。

想一想

1. 烤制挞皮时应该注意什么?

2. 影响挞皮脱模的因素有哪些?

拓展训练

葡式蛋挞的制作

1. 训练原料

挞皮：低筋粉1 000克，白糖40克，盐10克， 鸡蛋1个，水400毫升，片状黄油3块。

蛋挞水：蛋黄35个，淡奶油400毫升，乳脂300克，白糖200克，牛奶1 000毫升。

2. 训练内容

按照配方调制挞皮面团，调制蛋挞水，制作葡式蛋挞。

3. 制作方法

①将低筋粉、白糖、盐、鸡蛋、水放入和面机中搅匀，作为挞皮面团，放入冰箱冷藏。

②冷藏好的挞皮放于压面机上擀成长方片（大约长65厘米、宽33厘米）。取一块片状黄油包入长方片中，用压面机擀开（约长62厘米、宽30厘米、厚1.2厘米），经过3次三折1次对折，将面皮压成约0.6厘米厚的薄片。最后将薄片卷成直径约5厘米的圆柱形剂条，放入冰箱冷藏15分钟（图10-2-7）。

③将剂条切成直径约1.5厘米、厚度约1厘米的圆片，沾有面粉的一面朝上，放入挞模中（图10-2-8）。用大拇指将其捏成挞模形状，成形备用（图10-2-9）。

图10-2-7/剂条
图10-2-8/入模

④调制蛋挞水。将淡奶油、乳脂、白糖、牛奶放入盆中，小火加热至淡奶油、乳脂、白糖溶化后即可停止加热，然后倒入蛋黄搅拌均匀，将混合液过筛。

⑤向捏好的挞皮上倒蛋挞水（七八分满即可）（图10-2-10），放入烤箱烘烤。烘烤温度为面火265℃、底火230℃，烘烤约10分钟即可（图10-2-11）。

图10-2-9/成形
图10-2-10/倒蛋挞水

图10-2-11/葡式蛋挞成品

4. 操作要求

①挞皮层次不可少。将挞皮面团经过3次三折后再对折1次，最后将薄片卷成圆柱形剂条。

②把圆片放入挞模里时，用手按紧，用大拇指将挞模内的剂子向四周捻按开，贴在挞模内壁上，底部要较薄，慢慢转动挞模，使挞皮边缘向上捻起至略高于挞模边缘。捻按剂子的时候可以在大拇指上沾点儿水，这样捻按的挞皮才会底部薄而不破裂或漏洞。

③淡奶油、乳脂、牛奶、白糖倒入盆中加热时，火力一定要小。加入蛋黄搅匀时，要顺着一个方向搅拌，用力要轻，搅拌之后过滤去除杂质。搅拌要均匀，不可有气泡。

学习感想

____

____

____

任务三　菠萝派的制作

任务情境

西点混酥是以油脂、面粉、鸡蛋、糖、盐等为主要原料合成面团或面糊，配以各种辅料，通过成形、烘烤、装饰等工艺制成的一类面点。西点混酥制作精巧，变化繁多，具有良好的疏松性、酥松性和酥脆性。

任务目标

①了解派的概念。
②了解派的酥性原理。
③掌握菠萝派、苹果派的制作方法。

面点工作室

一、派的概念

派是英语pie的汉语音译，又译成排、批等。派是一种油酥面饼，内含水果等馅心，常用圆形模具做派模。派有单皮派和双皮派之分，又有咸味派、甜味派之别。馅心有水果、蔬菜、肉类、牛奶、鸡蛋、奶油等种类。派还能做成各种小点心。

二、派的酥性原理

派的酥性，主要是由面团中的面粉和油脂等原料的性质决定的。

一是疏松性。

油脂本身是一种胶性的物质，并具有一定的黏性和表面张力，在与面粉结合时，可以包围面粉颗粒，形成油膜，把面粉与空气分开。在油脂难与面粉颗粒紧密吸附的时候，利用搓将油脂与面粉搓匀，使油脂和面粉的黏结性增加，导致面粉吸收不到水分，形成不了面筋网络，面团较为松散，没有黏性和筋性，疏松性较好。

二是酥松性。

由于面粉颗粒被油脂包围，面团烘烤受热时面粉颗粒间的空气受热膨胀，面粉颗粒距离加大，制品产生了酥松性。

三是酥脆性。

面粉颗粒被油脂包围，吸收不到水分，在烘烤时容易被“炭化”，由此便产生了酥脆性。

行家点拨

菠萝派制作要点

面团擀制成形时，不要反复擀制揉搓，防止面团出油、上劲，造成成品收缩、口感发硬、酥性差。

烘烤时灵活掌握温度。在烤制时，可在菠萝派生坯表面盖一层锡箔纸，以免表面烤焦。

任务实施

菠萝派的制作

1. 训练原料

派皮：高筋粉250克，低筋粉250克，黄油200克，白砂糖200克，蛋清90克，冰水适量。

派馅：菠萝汁或清水100毫升，白砂糖20克，盐2克，玉米淀粉15克，菠萝100克，肉桂粉0.5克，奶酪粒50克。

2. 训练内容

按照配方调制菠萝派面团，制作菠萝派。

3. 制作方法

①部分原料如图10–3–1所示。

②菠萝切成大块，用盐水浸泡去涩。将菠萝汁加白砂糖、盐、玉米淀粉拌匀，放入锅内煮至黏稠透明，加入菠萝块和肉桂粉拌匀，晾凉即成派馅。

③将高筋粉和低筋粉一起过筛后与黄油放入和面机内，慢速搅拌至黄油颗粒像黄豆般大小。白砂糖、盐溶于冰水中，再加入上述面粉与黄油混合物，搅拌均匀成面团（图10–3–2）。揉好后放入保鲜膜包好，冷藏1小时。

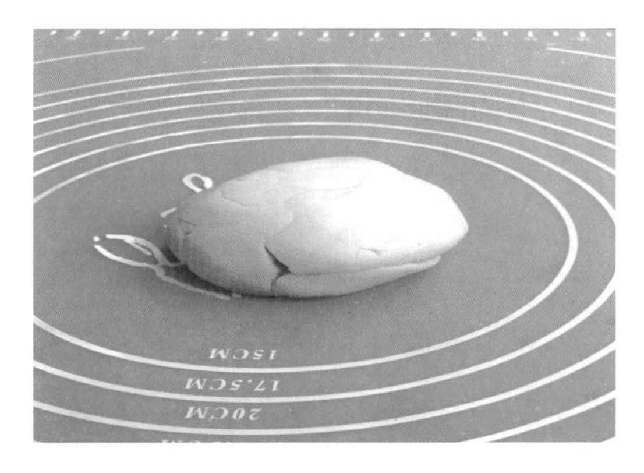

图10-3-1/菠萝派原料
图10-3-2/菠萝派面团

④取出冷藏的面团，擀成薄片作为派皮（图10-3-3）。在派模中刷油（图10-3-4）。

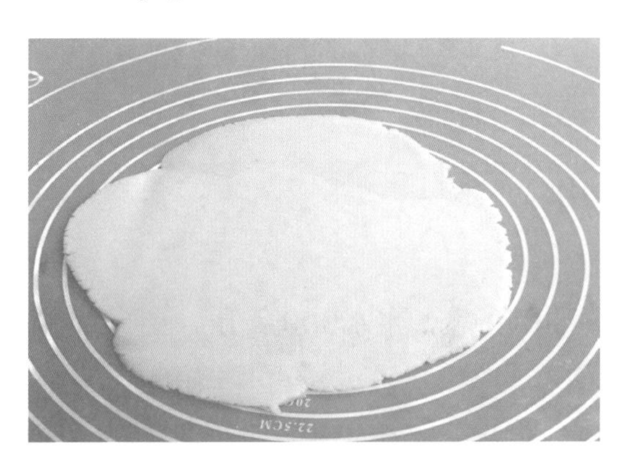

图10-3-3/擀成薄片
图10-3-4/刷油

⑤将派皮放入派模中（图10-3-5），去除余料（图10-3-6）。

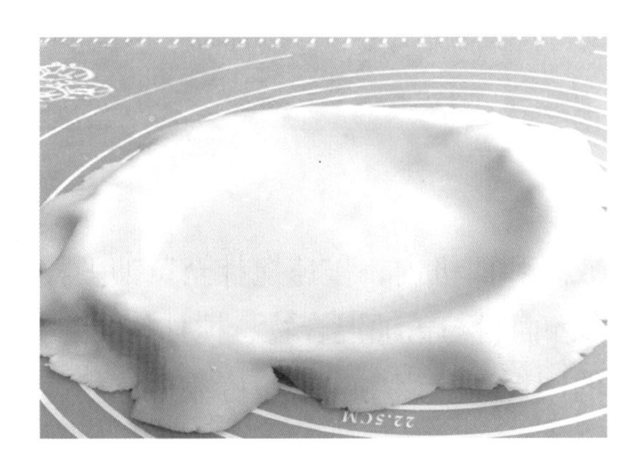

图10-3-5/派皮放入派模
图10-3-6/去除余料

⑥倒入派馅，撒上奶酪粒（图10-3-7）。烤箱预热170℃，烤制约30分钟即可（图10-3-8）。

图10-3-7/倒入派馅、撒上奶酪粒
图10-3-8/菠萝派成品

4. 操作要求

①调制面团时，防止上劲。

②菠萝派面团最好下冰箱冷藏一段时间。

③烤制温度控制要适当。

想一想

1. 菠萝派面团调制过程中应该注意哪些问题?

2. 制品成形后易散落，形态不完整，可能由哪些因素造成？如何补救?

拓展训练

苹果派的制作

1. 训练原料

派皮：高筋粉400克，低筋粉600克，黄油650克，冰水300毫升，白砂糖30克，盐20克。

派馅：苹果汁或清水100毫升，白砂糖25克，玉米淀粉4克，苹果罐头100克，肉桂粉0.5克。

其他：鲜奶油适量。

2. 训练内容

按照配方调制苹果派面团，制作苹果派。

3. 制作方法

①将高筋粉和低筋粉一起过筛后与黄油放入和面机内，慢速搅拌至黄油颗粒像黄豆般大小。白砂糖、盐溶于冰水中，再加入面粉与黄油混合物，搅拌均匀。

②搅拌后的面团用手压成直径约10厘米的圆柱体，用牛皮纸包好放入冰箱冷藏2小时。

③苹果汁和白砂糖一起煮沸，加入玉米淀粉，不停搅动，煮至胶凝光亮。苹果肉与肉桂粉拌均匀后，加入胶冻中拌匀，停止加热并冷却。

④取出冷藏的面团，擀成薄片作为派皮。在派模中刷油。

⑤将派皮放入派模中，去除余料。

⑥倒入苹果馅，派皮边缘刷蛋液，派馅表面放两三片鲜奶油，其上再铺一层派皮，上层皮开小口铺在派馅上，把上、下派皮边缘结合处粘紧，在上层派皮表面刷蛋液，210℃底火烤约30分钟。出炉后表面刷上鲜奶油。

学习与巩固

1. 派有单皮派和__________之分，又有咸味派和__________之别。

2. 派的酥性原理是由面团中的面粉和油脂等原料的性质决定的，主要有油脂的疏松性、____________、____________。

学习感想

____

____

____

任务四　奶油泡芙的制作

任务情境

泡芙是英语puff的汉语音译。它是用烫制面团制成的一类面点，具有外表松脆、色泽金黄、形状美观、食用方便、口味多样等特点。根据所用馅心的不同，泡芙的口味和特点也各不相同，常见的口味品种有奶油泡芙、香草水果泡芙、巧克力泡芙条、咖啡泡芙条、杏仁泡芙条等。

泡芙制品主要有两类：一类是圆形的泡芙；另一类是长条形的泡芙条。两类泡芙所用的泡芙面糊是完全相同的，只是在成形时所用的技法有差异而产生了形状的变化。

任务目标

①了解泡芙的概念。

②了解泡芙的制作原理。

③掌握奶油泡芙的制作方法。

面点工作室

泡芙是将黄油、水或牛奶煮沸后烫制面粉，搅入鸡蛋，通过挤糊、烤制或炸制、填充馅料等工艺制成的一类面点。

泡芙能形成中间的空心与面糊的调制工艺密不可分。泡芙面糊由煮沸的液体原料和油脂加面粉烫制的熟面团加入蛋液调制而成。它的起发主要是由面糊中各种原料的特性及特殊的调制方法——烫制面团决定的。泡芙面糊中的面粉，含有淀粉、蛋白质等。烫熟的淀粉发生糊化作用，能吸收更多的水分。同时，糊化的淀粉具有能够包裹住空气的特性，在烘烤的时候，水分成为蒸汽，形成较强的压力，将面皮撑开，形成一个个鼓鼓的泡芙。因此，泡芙面糊中水分的蒸发是泡芙体积膨大的重要原因。另外，鸡蛋中的蛋清是胶体，具有起泡性，与烫制的面坯一起搅打，可使面坯具有延伸性，能增强面糊在气体膨胀时的承受力；蛋清的热凝固性，能使增大的体积固定。鸡蛋中蛋黄的乳化性，还能使制品变得柔软、光滑。泡芙面糊中所加的油脂，具有起酥性和柔软性。油脂的起酥性能使烘烤后的泡芙外表具有松脆的特点。

行家点拨

奶油泡芙制作要点

在制作奶油泡芙的时候，一定要将面粉烫熟，这是奶油泡芙制作成功的关键之一。

奶油泡芙面糊的干湿程度也直接影响奶油泡芙制作的成败。面糊太湿，烤制的奶油泡芙容易塌陷，表皮不酥脆；面糊太干，奶油泡芙膨胀不够，表皮较厚，内部空洞小。检验面糊干湿程度的方法是：用木勺或筷子挑起面糊，面糊能均匀缓慢地向下流，并可以形成倒三角形则干湿程度刚好；若面糊流得过快，说明太稀；相反，说明鸡蛋量不够。

奶油泡芙烤制的温度和时间也非常关键。开始时用210℃的高温烘烤，使奶油泡芙内部的蒸汽迅速爆发出来，让奶油泡芙膨胀。待膨胀定形以后，改用180℃，将奶油泡芙的水分烤干，这样奶油泡芙出炉后才不会塌下去。烤至奶油泡芙表面呈金黄色后，最好利用烤箱的余温再放会儿，那样奶油泡芙会更酥脆。

任务实施

奶油泡芙的制作

1. 训练原料

低筋粉250克，黄油200克，水450毫升，盐2.5克，鸡蛋500克，打发鲜奶油适量，色拉油少许，糖粉少许。

2. 训练内容

按照配方烫面、搅糊、裱挤成形、烘烤定型、冷却后填入馅心。

3. 制作方法

①部分原料和工具如图10–4–1、图10–4–2所示。

②烫面。取一口深锅，将水、切成小块的黄油、盐放入锅中，开火煮至黄油融化、水沸腾（图10–4–3）。关火，将低筋粉全部倒入锅中，用刮刀用力搅拌出黏性。继续开小火，边烫边搅拌，直至烫熟烫透（图10–4–4）。

③搅糊。将烫熟后的面糊放入和面机中快速搅拌至冷却（图10–4–5）。分次加入蛋液搅拌至面糊黏稠、光滑，面糊呈倒三角形（图10–4–6）。

图10-4-1/奶油泡芙原料
图10-4-2/奶油泡芙工具

图10-4-3/煮沸
图10-4-4/烫面

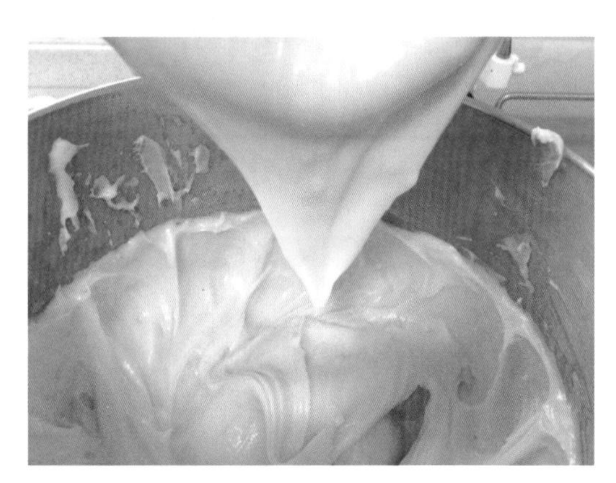

图10-4-5/搅拌烫熟的面糊
图10-4-6/面糊浓稠状态

④裱挤成形。在烤盘上刷一层薄薄的色拉油，撒一层薄薄的面粉。将面糊装入裱花袋，裱挤成直径约5厘米的圆坯（图10-4-7）。为增加面糊表面湿度，用刷子在面糊表面刷上蛋液（图10-4-8）。也可以用喷瓶喷水的方式代替刷蛋液。不能过多地涂抹蛋液或喷水，以防面糊不容易膨胀。

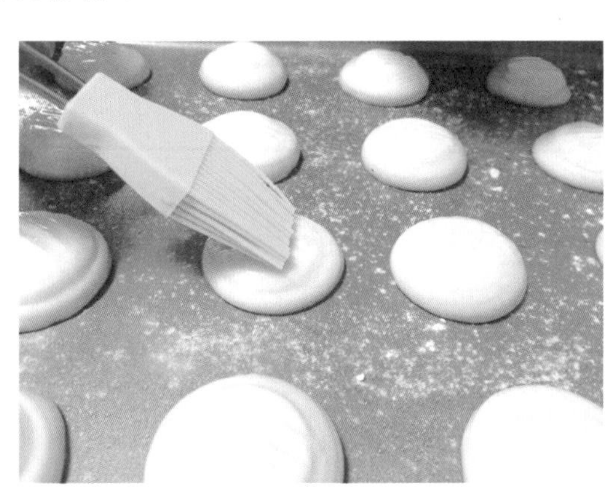

图10-4-7/裱挤面糊
图10-4-8/刷上蛋液

⑤烘烤定型。放入预热至200℃的烤箱烘烤30分钟。在烤至定形前若接触到冷空气，面糊就会收缩，因此烘烤时间不足20分钟时，不要打开烤箱。烤至泡芙表面呈金黄色时，取出冷却（图10-4-9）。

图10-4-9/冷却
图10-4-10/泡芙从上方1/3处切开

⑥填馅。将泡芙从上方1/3处用刀切开（图10-4-10）。将打发的鲜奶油挤入底部2/3的泡芙中（图10-4-11）。盖上切下的上半部分泡芙，撒上糖粉，成品如图10-4-12所示。

图10-4-11/挤入鲜奶油
图10-4-12/奶油泡芙成品

4. 操作要求

①调制面糊时，要注意将面粉烫熟、烫透。

②面粉必须过筛，避免在烫制时产生面粉颗粒。

③要待面糊稍冷却后才能加入蛋液，而且，必须分次加入。

④烘烤过程中不宜打开烤箱，否则制品容易收缩。

想一想

1. 烤制奶油泡芙时需要注意什么？

2. 泡芙还可以做成什么造型？泡芙馅心还可以使用什么原料，呈现何种口味？

拓展训练

闪电泡芙的制作

闪电泡芙口味繁多，造型多变。一说闪电泡芙因为太过美味，让食用者忍不住飞快地吃完，就如同闪电般迅猛而得名；又一说，闪电泡芙表面的糖衣闪光透亮，如同闪电般炫丽，因而得名。

调制面糊同奶油泡芙，将调好的面糊装在带有花嘴的裱花袋中（图10-4-13）。在铺了油纸的烤盘上裱挤出排列整齐、大小均匀的条状生坯（图10-4-14）。

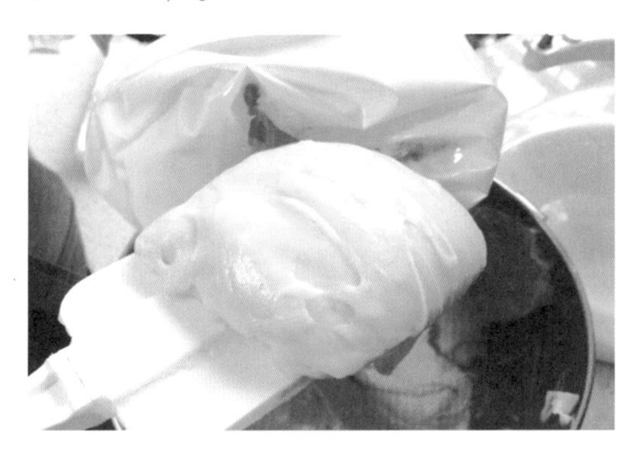

图10-4-13/面糊装入裱花袋
图10-4-14/条状生坯

用刷子在面糊表面刷上蛋液（图10-4-15）。烘烤同奶油泡芙，烘烤完后冷却（图10-4-16）。

图10-4-15/刷蛋液
图10-4-16/冷却

取40克蛋清倒入搅拌盆中搅拌，分次加入180克糖粉，充分搅拌至光滑柔润，慢慢加入1小匙柠檬汁，搅拌至舀起后能不间断流下的程度（图10-4-17）。取适量，加入咖啡或色素等，混合均匀（图10-4-18）。

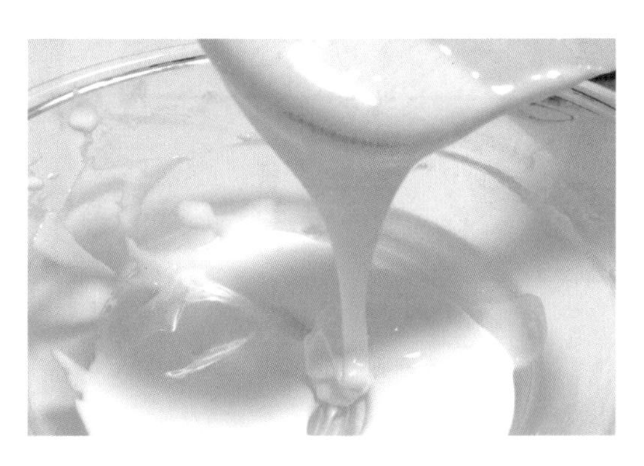

图10-4-17/调制糖衣
图10-4-18/加入咖啡或色素搅拌

冷却后的泡芙从底部挤入鲜奶油馅心，用抹刀将溢出来的鲜奶油抹平，蘸裹上糖衣后装盘（图10-4-19、图10-4-20）。（糖衣也可以用融化的巧克力代替。）

图10-4-19/蘸裹糖衣
图10-4-20/闪电泡芙成品

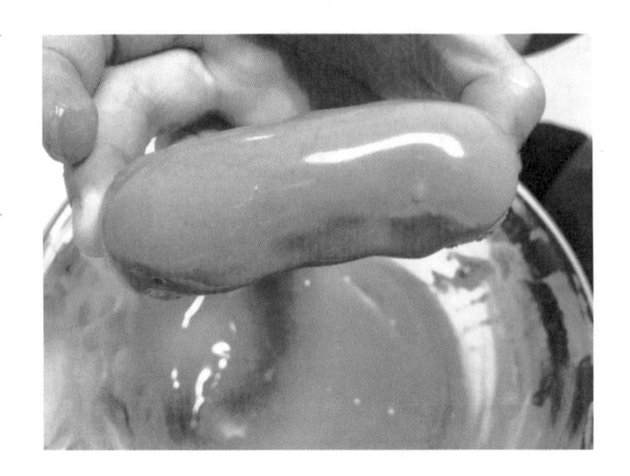

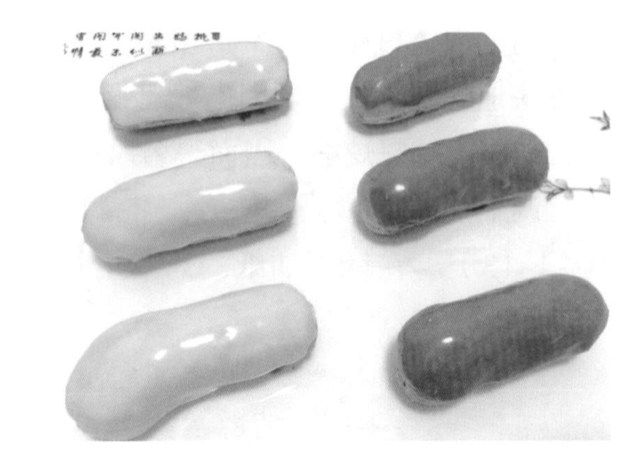

相关链接

卡仕达奶油的制作

原料：蛋黄3个，白砂糖75克，低筋粉25克，牛奶250毫升，香草豆荚1/3根。

制作过程如下。

①将香草豆荚从中间纵剖开，用刀将里面的香草籽刮出。

②将牛奶、香草籽、香草豆荚外壳放入奶锅中，煮至即将沸腾。

③在搅拌盆里加入蛋黄搅拌均匀，然后依次加入白砂糖、低筋粉，搅拌均匀。

④把温热的奶液加入搅拌盆中混合均匀，用滤网过筛后倒回奶锅中。

⑤开火加热，并用打蛋器不停搅拌液体，直至舀起时液体能顺利滴落且有光泽即可。

⑥将液体倒入浅盘中，摊平，表面盖上保鲜膜，降温至30℃以下，放入冰箱冷藏。使用时用刮刀重新搅拌至浓稠光滑的状态即可。

佳作欣赏

图10-4-21/巧克力酱泡芙
图10-4-22/蓝莓泡芙

图10-4-23/杏仁闪电泡芙
图10-4-24/双层泡芙

学习与巩固

1. 泡芙制品主要有两类：一类是________的，如________泡芙；另一类是________的，如________泡芙。

2. 泡芙是将________、水或牛奶煮沸后烫制面粉，搅入________，通过挤糊、________或炸制、填充馅料等工艺制成的一类面点。

学习感想

____

____

____

参考文献

1. 邱庞同. 中国面点史［M］. 青岛：青岛出版社，2010.

2. 邵万宽. 中国面点文化［M］. 南京：东南大学出版社，2014.

3. 仇杏梅. 中式面点综合实训［M］. 重庆：重庆大学出版社，2015.

4. 周文涌，竺明霞.面点技艺实训精解［M］. 北京：高等教育出版社，2009.

5. 沈军. 中西面点［M］. 北京：高等教育出版社，2004.

6. 林小岗，唐美雯. 中式面点技艺［M］. 北京：高等教育出版社，2009.

7. 王美. 中式面点工艺. 北京：中国轻工业出版社，2012.

8. 黑龙江商学院旅游烹饪系. 面点工艺学. 哈尔滨市：黑龙江科学技术出版社，1992.